海水健康养殖技术丛书

# 星鲽健康养殖技术

刘洪军　官曙光　关　健
于道德　刘　名　郑永允　编著

中国海洋大学出版社
·青岛·

图书在版编目(CIP)数据

星鲽健康养殖技术 / 刘洪军等编著. —青岛 : 中国海洋大学出版社，2012.12

ISBN 978-7-5670-0193-0

Ⅰ. ①星… Ⅱ. ①刘… Ⅲ. ①鲽科一海水养殖 Ⅳ. ①S965.399

中国版本图书馆 CIP 数据核字(2012)第 292689 号

出版发行 中国海洋大学出版社
社　　址 青岛市香港东路 23 号　　邮政编码 266071
出 版 人 杨立敏
网　　址 http://www.ouc-press.com
电子信箱 wjg60@126.com
订购电话 0532－82032573(传真)
责任编辑 魏建功　　电　　话 0532－85902121
印　　制 青岛双星华信印刷有限公司
版　　次 2013 年 1 月第 1 版
印　　次 2013 年 1 月第 1 次印刷
成品尺寸 140 mm×203 mm
印　　张 5.25
字　　数 132 千字
定　　价 18.00 元

# 前言

在我国沿海分布的星鲽属的条斑星鲽和圆斑星鲽，体型较大，外形美观漂亮，内脏团小，出肉率高，肉质细嫩鲜美，鳍边胶质厚而有韧性，富含多种维生素、微量元素，营养丰富，属于珍贵优良品种。虽然在历史上出现过资源量减少、种质退化的情况，但是通过科研工作者以及广大水产工作者的共同努力，在经历了低谷期后，星鲽属鱼类已经成为我国北方重要的渔业资源和养殖对象，具有广阔的市场潜力。

为了满足广大养殖业者对星鲽类健康养殖新技术的迫切需求，规范养殖技术，减少病害发生，提高经济效益并增加养殖业者的收入，我们编写了《星鲽健康养殖技术》一书。

本书一是系统地介绍了条斑星鲽和圆斑星鲽的生物学特征、遗传学研究进展、亲鱼培育技术、早期发育过程以及苗种培育技术等。二是由于两者分类地位极其相近，对育肥养成、运输技术以及病害防治等进行了综合介绍。本书以技术推广为宗旨，力求做到通俗易懂、实用性强、便于实际操作。本书专业性较强的部分，可供水产院校师生以及相关科技人员参阅。

由于作者水平所限，书中难免有疏漏之处，欢迎广大读者批评指正。

# 目　录

# 第一章 条斑星鲽生物学特征

## 第一节 分类与分布

在我国分布的星鲽属中的鱼种仅有两个，分别为条斑星鲽和圆斑星鲽。

星鲽在分类学上隶属于：

脊索动物门(Chordata)

　脊椎动物亚门(Subphylum Vertebrata)

　　硬骨鱼纲(Osteichthys)

　　　鲽形目(Pleuronectiformes)

　　　　鲽亚目(Pleuronectoridei)

　　　　　鲽科(Pleuronectidae)

　　　　　　星鲽属(*Verasper*)

条斑星鲽(*Verasper moseri* Jordan et Gilbert 1898)，英文名 barfin flounder，日文称マツカワ、タカノハガレイ、タカノハ等，在我国，俗称"松皮鱼"、"王鲽"、"摩氏星鲽"、"黑条星鲽"。由于与同属的圆斑星鲽在外部形态和分类地位的相近性，在山东、河北、辽宁等省的沿海渔民，常将两者统称为"花边爪"、"花豹子"、"花斑宝”、“花鳎”等。见图 1-1。

图 1-1 条斑星鲽外部形态

条斑星鲽主要分布在鄂霍次克海、日本的西北海域(北海道海域)、朝鲜半岛以东和西南海区及中国的黄渤海区。在亚洲,日本海一侧的北海道至诺狭湾沿岸(35.0°N～ 45.0°N)的自然资源量相对集中,见图 1-2。而在日本东海岸的太平洋一侧,则以茨城县以北、千岛群岛(Iturup 岛,Shana 湾)以及鄂霍茨克海以南的海域为主,日本历史上的最高年产量曾达到 400 t,而到了 20 世纪 70 年代中期处于仅

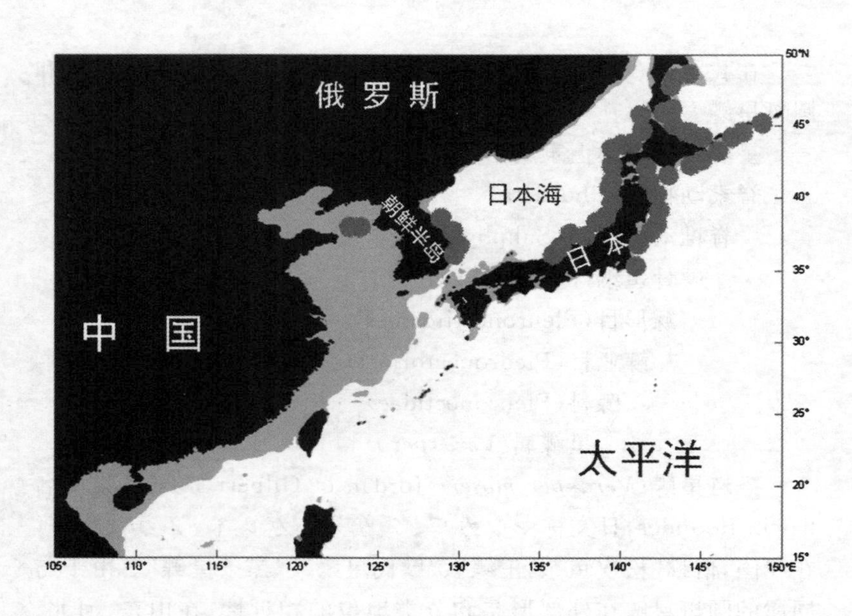


图 1-2 条斑星鲽主要分布海域

可捕到数十千克的较低水平。1981 年，日本北海道就开始条斑星鲽亲鱼养成、培育、调控和繁殖技术研究，并于 1985 年首次获得受精卵，1986 年生产 60 尾着底稚鱼。1990 年岩手县开始进行标志放流，但苗种产量有限。1995 年日本着手全面开展条斑星鲽的人工苗种生产，使用 4 龄雌、雄亲鱼，采用干法人工授精，受精率可达 90%，孵化率 80%，稚鱼中间培育存活率在 75%。2002 年，日本条斑星鲽人工苗种生产规模已达 10 万尾（杜佳垠，2003；徐世宏等，2009），目前，条斑星鲽已经成为日本北部地区海水养殖的主要品种（Ando 等，1999；Mori 等，2006）。

在 20 世纪 60 年代以前，条斑星鲽曾分布在我国的黄海中北部海域，自然资源量极少，为渔业捕捞生产中的兼捕对象。20 世纪 60 年代以后，自然资源量进一步减少，该鱼已极难捕获。

目前由于过量捕捞以及海洋环境的污染，条斑星鲽已步入濒危的经济鱼种行列，几乎见不到自然资源。据记载，在自然海域中日本捕获的最大个体全长为 70 cm，体重达 8.0 kg，所以条斑星鲽在鲽形目中属大鲽鱼，有“王鲽”之称（刘洪军等，2008）。2002 年以来，我国多家科研、生产单位认识到条斑星鲽的发展前景，先后引进苗种及亲鱼，对条斑星鲽的人工养殖、亲鱼调控、精子超低温保存、苗种培育技术等方面进行了研究。虽然，在 2007 年，国内条斑星鲽人工繁育获得重大突破，苗种规模化生产成功，但在养殖条件下仍无法获得自然受精卵，与大菱鲆的养殖类似。因此，对于条斑星鲽的规模化生产仍然存在一定的局限。

## 第二节　条斑星鲽形态特征

### 一、外部形态

条斑星鲽为椭圆形(图 1-3),脊椎骨 13～14 ＋ 28～29。体长为体高的 1. 67～2. 01 倍。鱼体较厚,头部侧扁,体长为头长的 3. 47～3. 90倍,头长为头高的 1. 16～1. 49 倍。吻短而钝。头长为吻长的 5. 11～6. 47 倍,吻长为眼径的 0. 73～1. 17 倍(表 1-1),眼径较小,两眼均位于身体的右侧,眼间隔平窄,为眼径的 1/2 左右,上眼靠近头的颅顶背缘。两鼻孔邻近且位于眼间隔的前方呈短管状,口前位斜裂,口裂呈弧形(图 1-4A)。上颌骨较宽,可达瞳孔的中央稍后。上颌具齿两行,外行的前方牙齿比较大。下颌齿一行,在下颌左、右颌骨的接合处则呈两行(图 1-4B)。鳃耙短而宽呈三角形(图 1-4C),内缘具有小刺,其中Ⅰ:6～7,Ⅱ:6,Ⅲ:5,Ⅳ:4。背鳍的起点始于上眼瞳孔的略前方,背鳍鳍条 75～80 枚,以第 41 枚鳍条为最长,背鳍具有与鳍条平行的 6～7 条黑褐色条斑带;臀鳍鳍条 53～56 枚,以第 38 枚鳍条为最长,具 5～6 条条斑带;尾鳍圆截形,鳍条 19 枚,除两侧各两根硬鳍条外,其余 15 枚鳍条均具分支,黑褐色条斑带(或半条斑带)4～5 条(图 1-5);胸鳍鳍条 12 枚;腹鳍鳍条 ⅱ-4 奇鳍鳍条间的鳍膜呈黄色、绿色或橙褐色(王晓伟等,2008)。雌性生殖孔位于腹部后方(图 1-6)。

条斑星鲽的有眼侧披有大型而粗糙的鳞片。鳞片的后部具数行长栉刺(图 1-7)。除吻端和两颌外,头部也分布有粗糙的栉鳞。无眼侧的吻、两颌、前鳃盖骨的下部以及间鳃盖骨的上面无鳞分布。无眼侧一端除间鳃盖骨中央以及腹鳍基部附近具有粗栉鳞

外，其他地方大部光滑无鳞。背、臀鳍鳍基部的中央以及尾鳍基部均分布有栉鳞。鱼体两侧的侧线鳞均为88～89枚，侧线在胸鳍的上方呈一弧形，其弧状部的长为高的2.3～2.5倍。无眼侧的色调，在雌、雄个体间有着明显的差别，雌鱼为白色，而雄鱼为橙黄色（王晓伟等，2008）。

图 1-3　条斑星鲽有眼侧及无眼侧对照图

表 1-1　条斑星鲽的可量、可比性状

| 项目＼数值＼编号 | 01 | 02 | 03 | 04 | 05 | 06 | 07 | 08 | 09 | 10 | 11 | 12 |
| --- | --- | --- | --- | --- | --- | --- | --- | --- | --- | --- | --- | --- |
| 全长(cm) | 40.0 | 48.6 | 44.0 | 32.9 | 36.0 | 37.3 | 43.0 | 38.8 | 38.7 | 46.9 | 39.3 | 46.0 |
| 体长(cm) | 33.0 | 39.1 | 36.8 | 27.8 | 29.5 | 31.3 | 37.5 | 33.2 | 32.0 | 39.5 | 32.5 | 37.5 |
| 体高(cm) | 18.0 | 19.5 | 21.1 | 15.4 | 16.6 | 16.8 | 20.8 | 17.6 | 17.8 | 22.0 | 18.0 | 22.5 |
| 体重(g) | 1058 | 2005 | 1341 | 696 | 694 | 935 | 1423 | 1056 | — | — | — | — |
| 吻长(cm) | 1.8 | 1.7 | 1.8 | 1.4 | 1.4 | 1.4 | 2.0 | 1.1 | — | — | — | — |
| 头长(cm) | 9.2 | 11.0 | 10.2 | 8.0 | 7.6 | 8.6 | 10.8 | 9.0 | 8.2 | 10.9 | 8.6 | 10.7 |
| 头高(cm) | 7.2 | 8.8 | 7.5 | 5.5 | 5.1 | 6.1 | 8.1 | 7.8 | 7.6 | 9.4 | 8.0 | 8.2 |
| 肛前距(cm) | 12.3 | 12.6 | 11.6 | 8.2 | — | 8.9 | 11.2 | 10.5 | — | — | — | — |
| 尾柄长(cm) | 2.5 | 3.0 | 3.5 | 2.4 | 2.4 | 2.5 | 3.0 | 2.5 | 2.7 | 3.0 | 2.7 | 3.1 |
| 尾柄高(cm) | 4.8 | 5.9 | 5.8 | 3.8 | 4.2 | 4.6 | 5.0 | 4.8 | 4.6 | 5.4 | 4.5 | 5.7 |
| 眼径(cm) | 2.0 | 2.1 | 2.0 | 1.5 | 1.2 | 1.4 | 1.9 | 1.5 | 1.4 | 2.0 | 1.8 | 2.0 |
| 眼间距(cm) | 0.7 | 0.8 | 0.9 | 0.6 | 0.55 | 0.7 | 0.8 | 0.7 | 0.6 | 0.8 | 0.6 | 0.8 |
| 全长/体长 | 1.21 | 1.24 | 1.20 | 1.18 | 1.22 | 1.19 | 1.15 | 1.17 | 1.21 | 1.19 | 1.21 | 1.23 |

续表

| 编号 / 数值 / 项目 | 01 | 02 | 03 | 04 | 05 | 06 | 07 | 08 | 09 | 10 | 11 | 12 |
|---|---|---|---|---|---|---|---|---|---|---|---|---|
| 体长/体高 | 1.83 | 2.01 | 1.74 | 1.81 | 1.78 | 1.86 | 1.80 | 1.87 | 1.80 | 1.80 | 1.81 | 1.67 |
| 全长/头长 | 4.35 | 4.42 | 4.31 | 4.11 | 4.74 | 4.34 | 4.00 | 4.31 | 4.72 | 4.30 | 4.57 | 4.30 |
| 体长/头长 | 3.59 | 3.55 | 3.61 | 3.48 | 3.88 | 3.64 | 3.47 | 3.69 | 3.90 | 3.62 | 3.78 | 3.51 |
| 头长/头高 | 1.28 | 1.25 | 1.36 | 1.46 | 1.49 | 1.41 | 1.33 | 1.15 | 1.08 | 1.16 | 1.07 | 1.30 |
| 尾柄长/尾柄高 | 0.52 | 0.51 | 0.60 | 0.63 | 0.57 | 0.54 | 0.60 | 0.52 | 0.59 | 0.56 | 0.60 | 0.54 |
| 头长/眼间距 | 13.14 | 13.75 | 11.33 | 13.33 | 13.82 | 12.29 | 13.50 | 12.86 | 13.67 | 13.63 | 14.33 | 13.38 |
| 头长/眼径 | 4.60 | 5.25 | 5.10 | 5.33 | 6.33 | 6.14 | 5.68 | 6.00 | 6.05 | 5.45 | 6.05 | 5.35 |
| ♀、♂ | ♂ | ♀ | ♂ | ♂ | ♂ | ♀ | ♀ | ♂ | ♂ | ♀ | ♂ | ♀ |

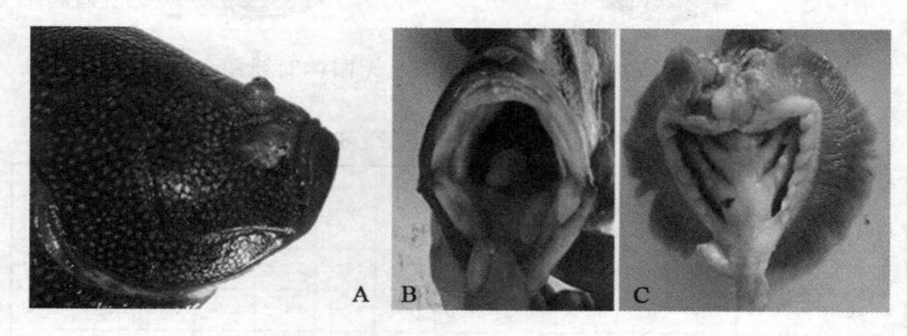


**图 1-4　条斑星鲽头部(A)、舌(B)及鳃器官解剖图(C)**

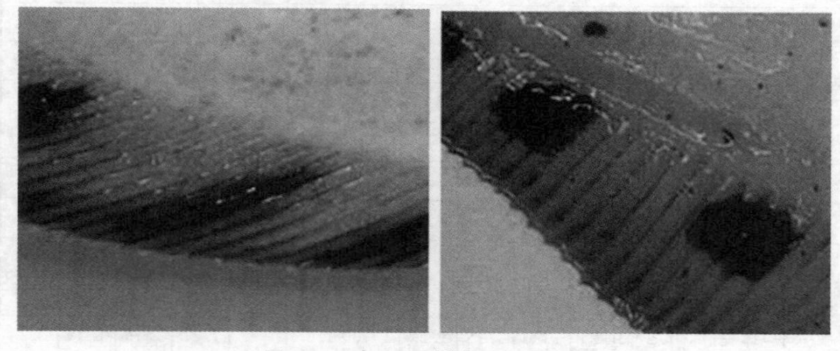

**图 1-5　条斑星鲽条斑形态图**

图 1-6　雌性条斑星鲽生殖孔

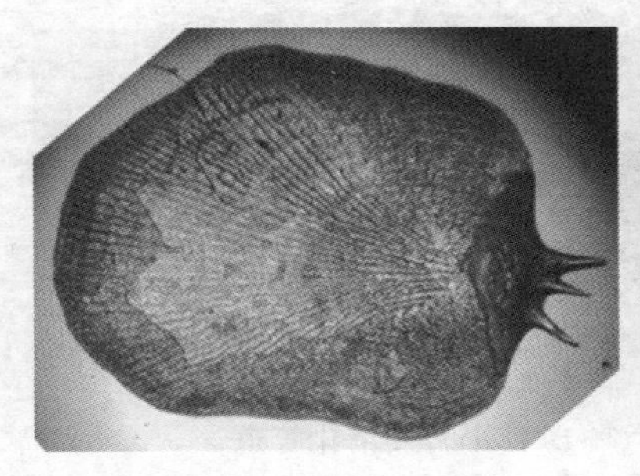

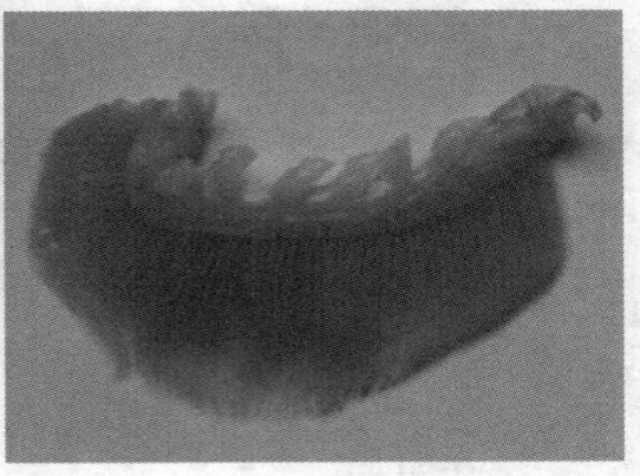

图 1-7　条斑星鲽带有长栉刺的栉鳞和鳃耙

## 二、内部解剖特征

(一)消化道解剖学

条斑星鲽腹部解剖后,可清晰地看到该鱼的内脏团相对较小,但各组织器官的排列紧密。肥厚的叶状肝脏分为左、右两叶(图 1-8A),右叶肝(有眼侧)较大,左叶肝略小,右叶肝覆盖了消化道的大部分。腹腔的背部为一球形的胆囊，肝脏的后背部为肾脏。消化道具1个盘曲。鱼体全长为消化道总长的1.19～1.39倍。食道短粗，仅为消化道总长的3.62%～3.85%。

条斑星鲽的胃为典型的U形胃，较发达，长度占消化道总长度的22.02%～28.20%。贲门和幽门与胃连接处呈现两个明显的收缢。在幽门部具有由小肠衍生出来的4个彼此分离指状盲囊，即幽门盲囊，长短不一，在无眼侧的一个盲囊最短，而有眼侧的3个盲囊较长，最长的一个为其无眼侧盲囊的1.22～3.0倍。幽门后的肠消化道相对较粗，占消化管总长度的49.48%～54.15%。直肠粗短。从消化道的结构来看，该鱼为典型的肉食性鱼类(王晓伟等，2008)。

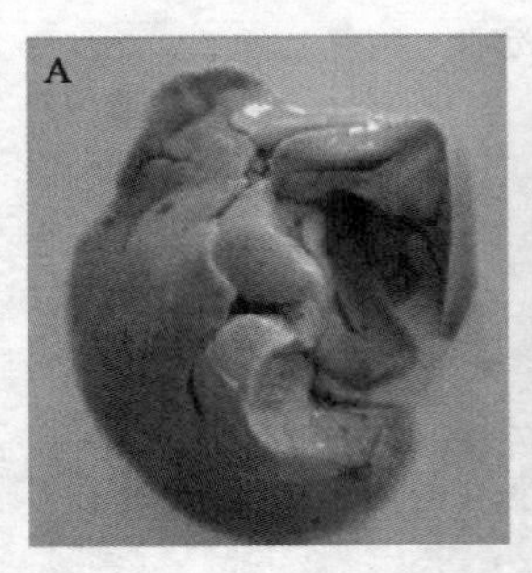


A. 肝脏

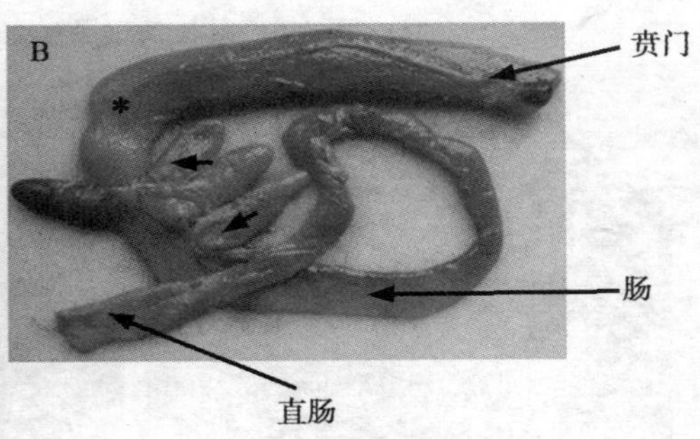


B. U形胃及消化管道

注：*为U形胃，两个短箭头表示幽门盲囊，贲门前面是食道，直肠的后端是肛门

**图1-8 条斑星鲽的消化道及肝脏**

(二)性腺解剖学

性成熟的雄鱼，精巢呈粉红色或肉白色，小叶片状。而雌鱼性成熟时的卵巢为橙红色，卵巢发达，系“被卵巢”。左、右卵巢形状不同，但其前部均呈“棒骨状”，中部圆润，后端尖细(图1-9A)。人工养殖初次性成熟的雌鱼(3龄，Ⅳ期)，怀卵量为23.67万～

26.25万粒/尾，左、右两卵巢的重量不等，因此怀卵量也不同，无眼侧的左卵巢略重于有眼侧的右卵巢，重量比约为1.11倍。性发育成熟时，成熟卵子突破滤泡膜后进入卵巢腔(排卵)，然后通过输卵管和生殖孔排出体外。

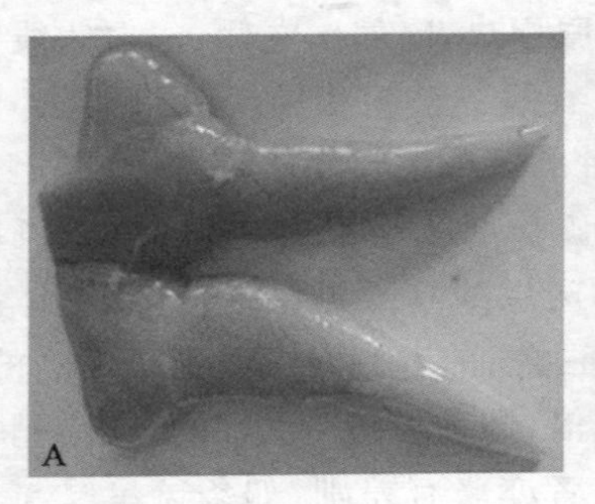


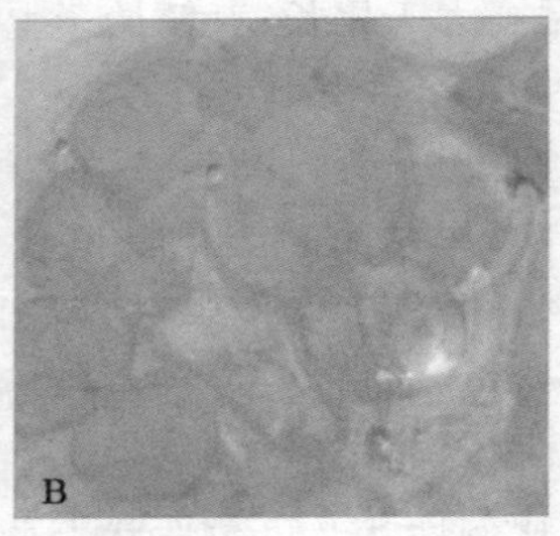


图 1-9　条斑星鲽的Ⅳ期性腺及未成熟卵母细胞

(三)听囊

条斑星鲽的听囊内具有一对椭圆形的矢耳石(Sagitta，图1-10)，薄而透明。耳石左右对称，对向排列。耳石的前部中央为一带有许多细刺的凸突，后部具有一凹刻。耳石的外侧为弧形，内侧略凹。在耳石的内侧(腹面)具有一个上宽下窄的凹槽，宽带和窄带分辨清晰，中心核清晰可见(王晓伟等，2008)。

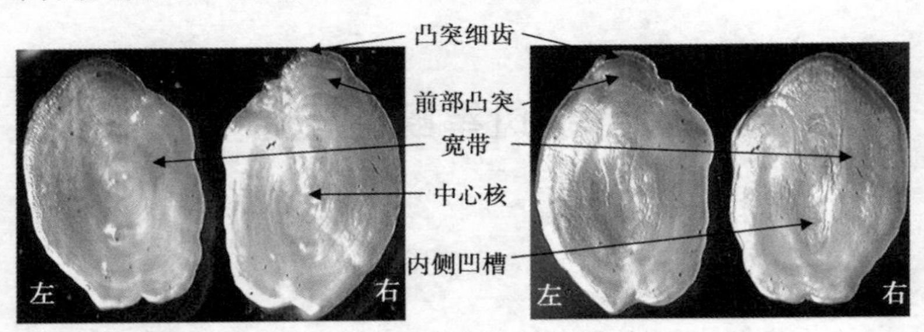


图 1-10　条斑星鲽耳石外侧观(左)和内侧观(右)

（四）条斑星鲽与圆斑星鲽的形态学比较

星鲽属共有两个种，即条斑星鲽外和圆斑星鲽，后者主要分布在中国黄渤海、日本九州及朝鲜半岛海域。星鲽属外部形态共同特点主要为身体卵圆形，侧扁；两眼位于头右侧，眼间隔窄；尾柄短，尾高大于尾长；背鳍始于上眼中央，略偏头左侧；左右侧线在胸鳍上方略呈浅弧状，有颞上枝；有眼侧被粗栉鳞，无眼侧大部分被圆鳞（李思忠等，1995）。两个种的区分主要在于背鳍、臀鳍上斑点的形状，体左侧的颜色及侧线弧状部长与高的比例，即条斑星鲽背、臀鳍有横条状的黑斑，而圆斑星鲽具圆黑斑；前者雄鱼体左侧为橙黄色，而后者雌、雄鱼均为白色；前者侧线弧状部长为高的2.3～2.5 倍，而后者为 3.7～4.0 倍，即前者弧状部弧度较陡峭。在部分比例性状及可数性状上两者亦略有差别，如条斑星鲽与李思忠等（1995）报道的圆斑星鲽资料相比较，具有较少的背鳍鳍条（75～80 VS 80～89）及臀鳍鳍条（53～56 VS 57～68）；与陈四清（2005）的测量结果相比，条斑星鲽比圆斑星鲽具有较多的尾鳍鳍条数（19 VS 17）及较少的侧线鳞数（88 VS 94），同时体长/体高略小（1.67～2.01 VS 2.5～4）。王晓伟等认为由于以上性状在同一物种的不同个体之间存在较大差异以及实验样本数的限制，所得出的形态差异不能成为区分两物种的手段（王晓伟等，2008）。

## 第三节　条斑星鲽的生态习性

### 一、生活习性

在自然海域中，条斑星鲽一般栖息在水深 100 m 以内的近岸水域或海湾内，底质为沙底、泥沙底或海藻繁盛的礁石区域，类似

于其他鲆鲽类，其体色可随环境改变。冬末春初季节，从较深海域洄游至水深 10～15 m 的浅水区或海湾内生殖产卵。秋末冬初，又洄游到水深≥100 m 的深水区越冬，周年做短距离的向岸垂直洄游。生存水温范围为 2℃～25℃，生活水温为 4℃～22℃，适宜生长水温为 13℃～20℃，适宜生长盐度为 25～33。幼鱼的活动范围相对狭窄，但对高温的适应能力明显强于成鱼（于道德等，2007）。

日本京都大学的 Wada 等（2004）对日本有明湾岛原半岛浅海条斑星鲽繁育场的条斑星鲽生长、生活习性进行了研究。2003 年 5 月至 2004 年 4 月间，使用拖网对 Kamaga 浅海进行采样，以确定仔鱼、稚鱼的水平分布；2003 年 7 月至 2004 年 7 月间使用刺网对 Tatsuishi 浅海进行取样，以收集幼鱼和成鱼样品。共采集自变态过程中的仔鱼至 2 龄成鱼（全长范围为 15.2～447.0 mm）478 尾。特别是自 2003 年 5 月至 2004 年 6 月间连续采集到 2003 年繁殖孵化的仔、稚、幼鱼（全长范围为 15.2～350.0 mm，$n=418$），其 2003 年 3 月份、6 月份、9 月份、12 月份及 2004 年 5 月份的平均全长分别为 22.4 mm、82.5 mm、172.5 mm、203.9 mm 和 296.4 mm。研究发现，2003 年 5 月，变态过程中的仔鱼向河口潮汐带底质平坦的海域迁徙，完成变态初伏底稚鱼习惯于生活在浅海潮间带区域，并且在浅海海域的稚鱼生长速度更为迅速。同时发现，2004 年 5 月～6 月间全长 300 mm 左右的条斑星鲽有自有明湾浅海的繁育场向 Tachibana 湾的深水海域迁徙的趋势。

日本相关研究认为条斑星鲽的最适宜养殖水温为 15℃～23℃。国内山东省海水养殖研究所 2004～2006 年在烟台百佳水产有限公司进行的室内养殖实验数据表明，条斑星鲽养殖适宜水温范围是 10℃～23℃，且低温耐受力强于高温耐受力，在低水温环境中生长速度比较快，因此更适合我国北方海域养殖。水温 6℃时，摄食量略微减少，水温低于 6℃摄食量明显减少。这种温度耐受性上的差异，可能是源于其不同的地理种群，或者是引进国内后的适应性进化导致。

## 二、食性

条斑星鲽在自然界营底栖生活，其食性为杂食性，其营养级为 4.5。仔鱼主要摄食浮游生物，稚幼鱼和成鱼为肉食性。由于口裂大小和食物规格的限制，自然界中，孵化后 5～12 d 的条斑星鲽仔鱼摄食硅藻、挠足类、其他海洋动物的卵子、卤虫类无节幼体、贝类幼虫等；全长＞100 mm 的稚幼鱼主食挠足类和甲壳类幼体；成鱼摄食甲壳类、蛤蜊、海星、小鱼。据报道条斑星鲽成年鱼 1 年内要摄食体重 8 倍以上的食物，可以摄食 87 种不同的生物种类。全长 400 mm 以上的个体食性更加广泛，除主食鱼类外，还摄食虾类、蟹类、小型双壳贝类、棘皮动物、头足类等。在人工苗种培育过程中，采用的饵料系列为“轮虫—卤虫无节幼体—卤虫成体—鱼糜—微颗粒配合饲料”。人工养殖成鱼也可以在投喂配合饲料中兼加小杂鱼，可大幅度提高生长速度（于道德等，2007）。

自然海域，条斑星鲽和圆斑星鲽摄食种类比较见表 1-2。

**表 1-2　自然海域中条斑星鲽、圆斑星鲽摄食种类比较**

| 条斑星鲽（据日本资料） | | 圆斑星鲽（唐启东） | |
|---|---|---|---|
| 糠虾类 | 团水虱 | 日本鼓虾 | 大寄居蟹 |
| 瓣尾类 | 等脚类 | 鲜明鼓虾 | 鹰爪糙对虾 |
| 卷甲虫 | 潮湿虫 | 中国毛虾 | 火枪乌贼 |
| 海蟑螂 | 寄居蟹 | 赤虾 | 脊腹褐虾 |
| 日本鳀鱼 | 日本叉牙鱼 | 口虾蛄 | 鳀鱼 |
| 头足类 | 底栖贝类 | 被囊类 | 壳蛞蝓 |
| 沙蚕科 | 口虾蛄 | 泥脚隆背蟹 | 虾虎鱼 |
| 日本鼓虾 | 赤虾 | 紫口玉螺 | 枯瘦突眼蟹 |

## 三、摄食行为学

通过自动摄食装置，进行鱼类的摄食率、摄食行为以及摄食模式的研究（Jobling 等，2001；Madrid 等，2001；Sánchez-Vázquez 等，2001）已有报道。其目的是通过强化鱼类的学习能力以及记忆，来提高鱼类的生长速度，并节约养殖成本，如避免饵料的浪费、维持良好水质条件等（Azzaydi 等，1998）。鱼类的摄食模式等并非终生固定，而是容易受到外界环境的影响。例如，欧洲鲈（*Dicentrarchus labrax*）在春秋两季为白天摄食类型，然而在冬季则转化为夜间摄食类型，到了第二年春季又转换过来。五条鰤（*Seriola quinqueradiata*）在自然光照条件下为夜间摄食类型，然而在人工光照下，却转化为白天摄食类型（Kohbara 等，2000）。这就需要我们对每一个养殖品种或者品系的摄食类型进行系统的研究，以便指导生产。

条斑星鲽作为日本北方重要的养殖品种，阐明其摄食相关的行为学对于其水产养殖的发展至关重要。因此，日本学者于 2007 年通过自动摄食装置对 1 龄条斑星鲽（体长 26.5～31.5 cm，平均体长 29.1 cm；体重 264～489 g，平均体重 371 g）的摄食行为学进行了相关研究（Sunuma 等，2007），这对于开展条斑星鲽工厂化养殖具有重要的指导意义。

研究结果表明：与其他硬骨鱼类类似，如虹鳟（Boujard 等，1992；Landless 等，1976）、五条鰤（Kohbara 等，2000）、欧洲鲈（Sánchez-Vázquez 等，1994）等，条斑星鲽首先表现为对自动摄食设备的兴趣，在第一天就表现出自我摄食行为，一周后开始熟练进行自我摄食行为。经过近四周的学习阶段（第一阶段），逐渐增加摄食频率并达到一个动态的平衡。在通过人工投喂和自动投喂的对照实验中，发现两组鱼在生长速度和摄食效率上无明显差异，说明自动投喂在实际生产上的可应用性。

由于该实验是在自然条件下进行，随着水温和光照周期的降低，在第五周条斑星鲽的自动摄食频率开始降低。类似的现象还见于五条鰤。Kohbara(2003)认为五条鰤在自动摄食条件下，其摄食行为具有一个温度阈值。对于五条鰤来说，其温度阈值是18℃，也就是说，水温低于18℃，五条鰤的摄食频率大大降低。相反，当水温回升为18℃以上时，其摄食活性以及频率又会大大提升(Kohbara等，2003)。条斑星鲽是否存在这样一个摄食的温度阈值以及具体的阈值的确立，目前尚无定论，还需要进一步研究。类似于五条鰤，条斑星鲽在自然条件下，主要为夜间摄食类型。在人工光照下，转化为白天摄食类型，这主要是由于自然光和人工光线在组成以及强度上的差异造成的(Kohbara等，2000)。

## 四、生长特征

条斑星鲽养殖适宜水温为10℃～23℃，低于同属圆斑星鲽，生长速度为圆斑星鲽的1.3～1.5倍(杜佳垠，2003)。

于道德等(2007)在人工养殖的情况下(自然光照，水温范围11℃～16.3℃)，对初始体重为29.64 g±5.98 g的条斑星鲽幼鱼1周年的生长和生态转化效率进行定期测定。结果显示：条斑星鲽的体长和体高在实验期间皆呈直线增长；而体重的增长分为两个阶段：前期呈指数生长，后期为直线增长。其中体长和体重呈指数函数关系：$W = 10^{-5} L^{3.0226}$，($R = 0.9893$)。条斑星鲽幼鱼在14.5℃～16℃，获得最大的生长(于道德等，2007)。

条斑星鲽幼鱼生态转化效率周年波动范围是34.16%～91.07%，远远高于肉食性鱼类的特征性生态转化效率(一般为29%)。其原因可能是：条斑星鲽属鲽形目，由于鲆鲽类活动水平较低，用于维持生命最低要求的能量较少，一般生态转换效率都较高。与鲽形目的其他鱼类相比，条斑星鲽的生态转化效率同样高于牙鲆和大西洋牙鲆等其他鲆鲽类，这可能与其活动水平更低相

关联(线薇薇和朱鑫华,2000;2001;Malloy 等,1994)。

与其他鲽形目鱼相似,条斑星鲽雌、雄个体存在生长差异,雌性个体达到成体的生长速度高于雄性个体(Mori 等,1999)。14 月龄,条斑星鲽雌、雄个体生长差异不明显,但是从 17 月龄开始,雌性体重增加迅速,这种趋势持续到 29 月龄时,雌、雄体重比为 1.49,38 月龄时,雌、雄体重比为 1.65。条斑星鲽适应于低温生长,水温≥9℃可达到较高的摄食量,保持快速的生长。条斑星鲽寿命可达 10 年以上,最高可达 14 年。性成熟个体体长为 30～60 cm。人工苗种,养殖 1 龄鱼体重达 200～300 g,18 个月全长可达 34 cm,体重 800 g,养殖 2 龄鱼体重达 600～1000 g。

## 五、繁殖

在自然界中,条斑星鲽雄鱼的初次性成熟为 3 龄,雌鱼的初次性成熟为 4 龄。人工养殖亲鱼,通过生殖调控可将性成熟期提前一年左右。条斑星鲽在自然界的不同海域,其生殖季节和繁殖周期略有差异。北太平洋沿岸海域生殖期为每年的 3～6 月份;在北海道周边海域的生殖期为 11 月份至翌年 1 月份;在日本岩手县为 12 月份至翌年的 4 月份。据报道,在北海道,除了冬季,该鱼可能自春季至初夏均产卵(杜佳垠,2003)。

在人工培育场合,雄鱼 3 龄开始成熟,而雌鱼 4 龄开始成熟,雄鱼最小性成熟规格为全长 34.3 cm,体重 0.6 kg;雌鱼最小性成熟规格为全长 42.0 cm,体重 1.4 kg。

据报道,国内培育的条斑星鲽初届性成熟的雌鱼全长为51.85 cm±0.25 cm,体长 42.25 cm,体重 3.05 kg±0.45 kg。雌鱼的性腺指数(GSI)值在 3 月份和 4 月份达到最高值(25.6%)。

条斑星鲽生殖期最适水温 6℃～8℃,在自然海域中产卵最低水温为 6℃。天然产卵场在水深数米至数十米处。条斑星鲽属分批成熟、分批产卵的生殖类型。产卵时间多在凌晨至黎明时分

(0:00～4:00)，生殖期可持续1～2个月，排卵8～10次，两次排卵的时间间隔为3～4 d。卵为分离悬浮性卵，无油球。卵径范围一般在1.7～1.9 mm。

条斑星鲽雌鱼初次性成熟的怀卵量在30万～60万粒/尾，每次的产卵量为6.0万～10.0万粒/尾。人工饲育条件下成熟亲鱼的怀卵量为30万～40万粒，平均全长55.73 cm，体重3282 g的雌性亲鱼，平均卵巢重：有眼侧130.1 g，无眼侧138.9 g。两侧卵巢质量(GW)与全长(TL)以及体重(BW)之间呈指数函数关系：$GW=5.62e^{0.007TL}$ ($r^2=0.68$)；$GW=56.7e^{0.00044BW}$ ($r^2=0.83$)。体平均怀卵量为57.8万粒。怀卵量($F$)与全长之间呈指数函数关系：$F=18.8e^{0.006TL}$ ($r^2=0.75$)，与体重之间呈直线相关关系：$F=0.244BW-222.7$ ($r^2=0.87$)。全长496～730 mm雌鱼卵数(OE，粒)与全长(TL，mm)之间关系式为$OE=0.62TL-275.3$ ($r^2=0.71$)(李文姬和李华琳，2006)。

目前，在人工养殖条件下，条斑星鲽繁殖的最大障碍仍旧是不能自然产卵，在这一点上与大菱鲆类似。日本学者认为，人工条件下的胁迫或者其非生物环境因素不能满足其大脑中合成足够的RnGH来诱导其垂体产生足够的GTH促进性腺的发育以及后来的繁殖行为的发生。因此在低剂量GTH的条件下，性腺的发育并不能顺利完成，导致最终的繁殖行为的缺乏，而不能自行产卵和受精。

## 六、条斑星鲽的营养价值

条斑星鲽具有比目鱼类的共同优点——内脏团小、出肉率高，肉质细嫩鲜美，鳍边胶质厚而有韧性，杂刺少，耐冷冻、耐运输，适当冷藏后肉质基本不变，属于非常适合于加工的鲆鲽类之一。条斑星鲽肌肉胶原蛋白含量为5.39 mg/g，褐牙鲆为4.98 mg/g；肌内膜胶原蛋白为4.82 mg/g，而褐牙鲆则检测不出肌内膜胶原蛋

白，说明条斑星鲽的肌肉营养价值高于褐牙鲆，而较高的肌内膜胶原蛋白含量，更是其冷藏后保持鱼肉质量的关键。条斑星鲽背部肌肉蛋白质的氨基酸组成见表1-3，必需氨基酸总量占氨基酸总量的38.79%，鱼肉的风味主要取决于肌肉中鲜味氨基酸，而条斑星鲽的鲜味氨基酸总量达30.66%，这也是条斑星鲽口感和风味好于牙鲆的主要原因。此外，条斑星鲽还富含多种维生素、微量元素及矿物质(刘洪军等，2008)。

**表1-3　条斑星鲽背部肌肉蛋白质中氨基酸组成表**

| 必需氨基酸 | 含量(%) | 非必需氨基酸 | 含量(%) |
| --- | --- | --- | --- |
| 苏氨酸 | 3.93 | 天门冬氨酸* | 8.97 |
| 缬氨酸 | 3.68 | 丝氨酸 | 3.82 |
| 亮氨酸 | 6.69 | 谷氨酸* | 13.71 |
| 异亮氨酸 | 3.27 | 丙氨酸* | 4.73 |
| 苯丙氨酸 | 3.14 | 脯氨酸 | 2.12 |
| 赖氨酸 | 7.35 | 甘氨酸* | 3.25 |
| 色氨酸 | 1.72 | 酪氨酸 | 2.87 |
| 甲硫氨酸 | 2.71 | 胱氨酸 | 1.16 |
| 必需氨基酸总量 | 32.51 | 非必需氨基酸总量 | 40.63 |

注：带“*”字的氨基酸为鲜味氨基酸

# 第四节 条斑星鲽的遗传学研究

鱼类的核型对于研究其遗传繁育工作的开展具有重要的作用,因此日本最早于1970年开始对条斑星鲽核型进行分析(Fukuoka 和 Niiyama,1970)。为了更好地开展繁育工作,条斑星鲽引进国内后,王妍妍等采用体内注射植物血细胞凝集素(PHA)和秋水仙素法再次对引进的条斑星鲽染色体进行了核型分析。分析结果表明条斑星鲽染色体核型为 2n=46=2sm+44t,即有1对亚中部着丝点染色体(sm)和22对端部着丝点染色体(t),臂数 NF=48,未发现有多倍体的现象,也未发现异型性染色体和随体染色体,不同于圆斑星鲽 2n=46t(王妍妍等,2009;图1-11)。

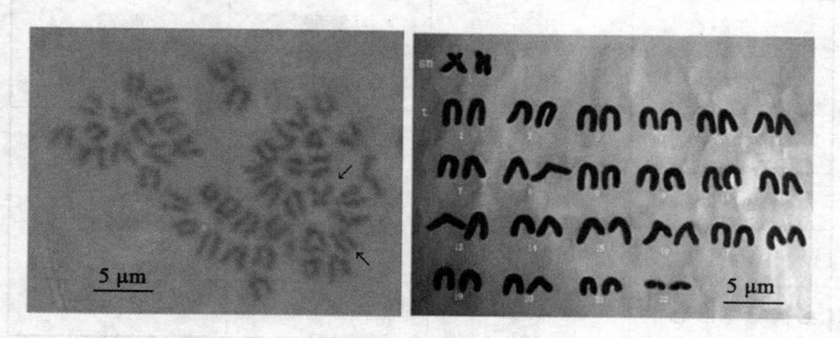


**图 1-11 条斑星鲽中期染色体分裂相及其核型**

(箭头示两条亚中部着丝点染色体)

早在1987年,日本东北大学与日本栽培渔业协会下属的厚岸事业场就开始实施条斑星鲽增殖放流计划,Romo 等学者开发了条斑星鲽的微卫星标记(msDNA,Romo 等, 2003)并将其应用于

放流群体的标记鉴定和遗传多样性评估。在进行人工培育苗种放流前先对其进行了微卫星标记;放流后,根据对条斑星鲽野生样本、增殖放流回捕个体样本和人工存留培育个体样本的微卫星标记分析比较。结果发现三者间遗传差异显著,放流条斑星鲽形成的有效遗传群体很小,但其遗传变异信息在进入自然水域生活后仍得以保持。研究认为在之后的增殖放流项目中,种质管理、繁殖设计、建立平衡的子代家系等工作是非常有必要开展的(Romo等,2005)。

Romo等还使用微卫星标记对其保有的条斑星鲽亲鱼的遗传关系进行分析比较,便于在苗种繁育时对亲鱼进行管理(Romo等,2006)。应用6对微卫星多态性引物,使用相关性指数($R_{XY}$)、相似性系数(个体遗传同一度GI和共享等位基因比例$P_S$)评估亲缘关系鉴定的准确性,使用以遗传距离为基础的UPGMA聚类分析辨别近亲组群(图1-12)。使用可能性比率和区分法将不同个体归类。这些结果与通过亲子分析获得的亲缘关系进行比较。使用以相关性评估指数或共享位点比例为基础的UMPGA方法评估个体间的亲缘关系要优于使用个体间的遗传距离或使用计算机软件对个体进行区分的方法。

为了对日本条斑星鲽增殖放流项目中所使用亲鱼群体的遗传多样性进行监测,运用多种分子标记技术和多种评估方法,通过其遗传相似性对亲鱼个体间的家谱进行研究,找出亲鱼个体间的血缘关系,便于在人工繁育时选择好家系亲本的组合,获得具有遗传多样性的子代,并尽可能的保护条斑星鲽的遗传多样性。通过对各家系亲本组合和子代的分子标记分析,标明了子代的个体的家系归属,并了解了各家系子代在所保有全部苗种中所占的比例(Romo等,2006)。

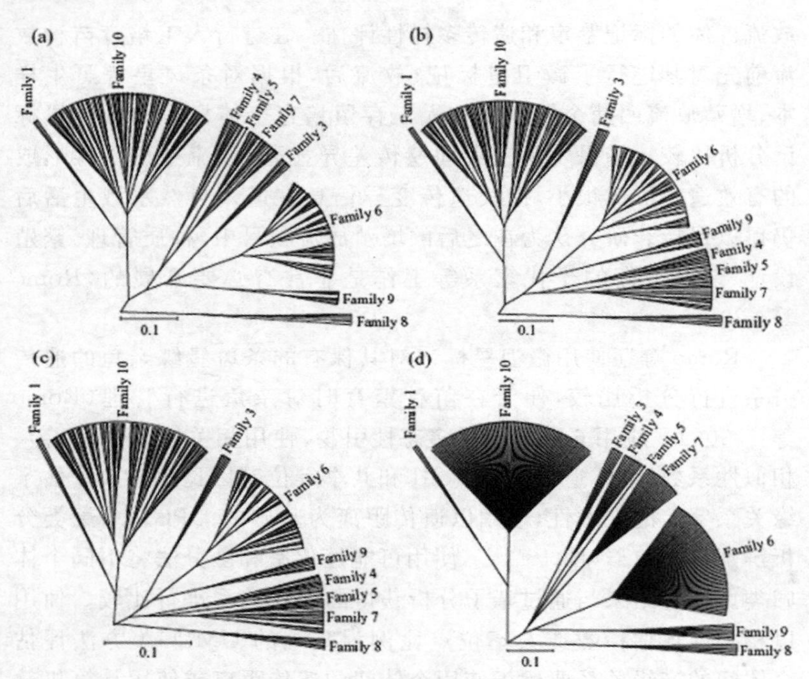


**图 1-12　基于个体间(a) 1-GI，(b) 1-PS，(c) 1-RXY 和(d)1-CR 遗传距离构建的半同胞家系 UPGMA 关系树**

我国对条斑星鲽的引进和研究开始的比较晚，基础性研究特别是遗传学的研究尚处于起步阶段。主要涉及分子标记开发、种内遗传多样性检测、系统发生和进化以及功能基因结构等几个方面。马洪雨(2008)等应用扩增片段长度多态性(AFLP)技术对我国条斑星鲽引进群体(烟台、大连和莱州)共 63 尾个体的遗传多样性及遗传变异进行分析，计算了 3 个群体间的遗传相似性指数和遗传距离，并构建了 UPGMA 系统发生树。10 个引物组合在 3 个群体中共扩增到 827 个位点，大小位于 50～700 bp 之间。每个引物组合扩增到的多态性条带在 8～37 条之间不等，平均为 17.9

条。3 个群体的多态性位点比例分别为 29.14%、15.60% 和 20.31%；Shannon's 多样性指数分别为 0.1799、0.0949 和0.1231；Nei 氏基因多样性指数分别为 0.1225、0.0658 和 0.0848。三个条斑星鲽引进群体的遗传多样性水平，烟台引进群体最高，莱州引进群体次之，大连引进群体最低，但总体水平均较低（表 1-4）。基于 Nei 氏遗传距离构建的 UPGMA 系统发生树表明，3 个条斑星鲽群体聚成两支，其中大连引进群体与莱州引进群体聚成一支，烟台引进群体单独一支。

**表 1-4　三个条斑星鲽引进群体间的遗传相似性指数（上三角）和遗传距离（下三角）**

| | 烟台 | 大连 | 莱州 |
|---|---|---|---|
| 烟台 | | 0.9773 | 0.9811 |
| 大连 | 0.0230 | | 0.9872 |
| 莱州 | 0.0191 | 0.0129 | |

丛林林等（2007）采用 PCR 产物直接测序法测定条斑星鲽基因组序列，并对 12S rRNA 和 16S rRNA 基因核苷酸全序列进行了分析。条斑星鲽线粒体 12S rRNA 的核苷酸序列长度为 948 bp，16S rRNA 为 1716 bp。分别基于这两个基因片段，采用邻接关系（NJ）法对条斑星鲽在内的 21 种鱼构建系统进化树，结果表明 21 种鱼主要分为 3 个大的分支：鲤形目、鲶形目聚为一支，鲑形目独立为一支，鲈形目和鲽形目聚为一大支。鲆鲽类与鲈形目的鲹科、鲷科聚在一支，且与鲹科的日本竹荚鱼、大西洋竹荚鱼构成姊妹群，支持鲆鲽类是从鲈形目分化出来的观点，而同属于鲽形目鳎科的塞内加尔鳎在 12S rRNA 树中成为一个独立的分支。

杨奔等（2009）应用 RAPD 分子标记技术对条斑星鲽和圆斑星鲽的养殖群体进行了遗传多样性分析（图 1-13）。每个群体各取鱼30尾，从78条随机引物中筛选出20条用于PCR扩增，两个群体共扩增出218条DNA片段，大多数片段大小为250～1500 bp，其中条斑星鲽183条，圆斑星鲽185条，多态片段比例分别为64.48%和56.76%，Nei氏基因的多样性指数分别为0.2781、0.2322，Shannon的信息指数为0.3989、0.3391。结果显示条斑星鲽养殖群体遗传多样性水平较圆斑星鲽略高，但总体处于较低水平。根据Nei氏的非偏差方法计算的条斑星鲽和圆斑星鲽养殖群体间的遗传相似性系数和遗传距离分别为0.6720和0.3975。

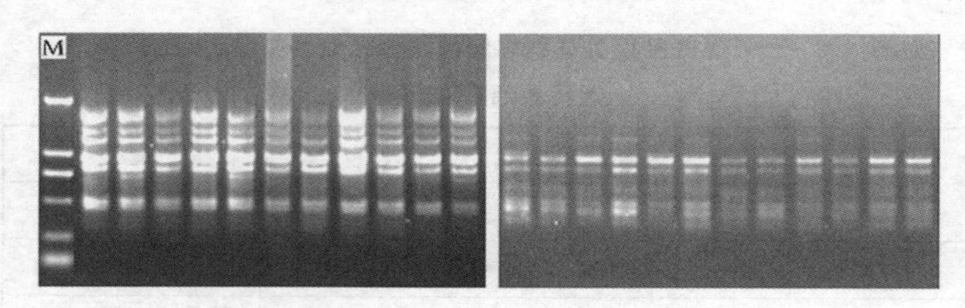


**图1-13　条斑星鲽(左)和圆斑星鲽(右)养殖群体RAPD扩增图谱**

马洪雨等(2009)成功分离出31个条斑星鲽微卫星多态位点，其中28个来自于基因组文库，3个位于MCH-R1和MCH-R2基因上。在测试群体中共检测到94个等位基因，等位基因数在2～6之间，观测杂合度范围为0.30～1.00，期望杂合度范围为0.33～0.78。

苗桂清等(2009)从已构建的条斑星鲽基因组文库中分离出10个微卫星多态位点。在测试群体中，每个位点等位基因数在2～6之间，观测杂合度范围和期望杂合度范围分别为0.3333～1.0000和0.4866～0.7774(表1-5)。

金国雄等(2010)通过简并引物扩增及RACE cDNA扩增克隆，首次获得全长为2167 bp的条斑星鲽细胞色素P450芳香化酶(P450arom)编码基因CYP19a cDNA序列，并将推测的氨基酸序

表 1-5　10 个条斑星鲽微卫星多态位点特征

| Locus | Repeat sequence | Primer sequences(5′—3′) | $T_a$(℃) | $N_a$(size range,bp) | $H_O$ | $H_E$ | $P$ | Accession |
|---|---|---|---|---|---|---|---|---|
| Vemo2 | $(GT)_7$ | GTGCTCAGAGGCCAATAAAA<br>GCTGGTGATGGATGAGGACT | 53 | 2(157—163) | 0.3333 | 0.5085 | 0.0550 | EU5999380 |
| Vemo7 | $(AC)_{14}$ | GTGGAGGACGCGACTACAG<br>GCCAGAAAATGGCTGACAAG | 53 | 4(436—246) | 0.8333 | 0.6893 | 0.1888 | EU599385 |
| Vemo12 | $(CA)_{27}$ | GGTGTCTTCTTTCTGGGCTTT<br>CAAAGGCTGATACATGGGTGT | 54 | 6(235—253 | 1.0000 | 0.7774 | 0.0000 * | EU599390 |
| Vemo19 | $(CA)_{27}$ | CAAGCGGAAAGTCACATCAA<br>TTTGGTTCACCCACAGAGGT | 52 | 3(192—218) | 0.8065 | 0.7467 | 0.0351 | EU599397 |
| Vemo22 | $(GA)_7$ | AGGATGGATGTGGAGGTGAG<br>GCCCTGGCAGAGTCATAGAG | 53 | 4(165—179) | 0.4815 | 0.6457 | 0.0931 | EU599400 |
| Vemo27 | $(AC)_{21}$ | ATCCCCTGGTGGTTACACTG<br>AGGAGGCAATGGATTCTTGA | 53 | 4(163—181) | 1.0000 | 0.6935 | 0.0058 | EU599405 |
| Vemo29 | $(AC)_{14}$ | CTGAGGACAAGGGAGGTGAA<br>TTGTGATGGTGCATGTGAGA | 56 | 2(235—241) | 0.3438 | 0.5074 | 0.0637 | EU599407 |
| Vemo31 | $(GT)_{22}$ | CTGTGTTGACTCTCGGTCCA<br>CGAACCATTGTGACGTGCTA | 56 | 3(236—248) | 0.3333 | 0.5316 | 0.1492 | EU599409 |
| Vemo38 | $(GT)_{11}$<br>$(GA)_7$ | GCTCGGCGATAAGCAAAATA<br>CACAGAGGCCACATCAGAGA | 54 | 3(244—252) | 0.4375 | 0.4866 | 0.5147 | EU599416 |
| Vemo51 | $(AC)_{13}$ | TGTTGTGTTGGCGAATTGTT<br>TGCAGAGGAAAGTTGTTTCG | 53 | 4(221—239) | 1.0000 | 0.7319 | 0.0118 | EU599429 |

列与其他物种 P450arom 氨基酸序列进行多重比较，发现存在跨膜螺旋区、I-螺旋区、Ozol 肽区、芳香化酶特异保守区以及血红素结合区。通过 RT-PCR 分析了 P450aromA mRNA 在条斑星鲽不同组织中的表达情况，结果表明，CYP19a 基因主要在脑、卵巢和精巢中表达，在肠、肝脏、肾脏也有少量表达(图 1-14)。同时分析了 P450aromA mRNA 在处于不同发育期的精巢中的表达情况，发现在Ⅱ期精巢中表达量最高，在Ⅴ期精巢中表达量最低。

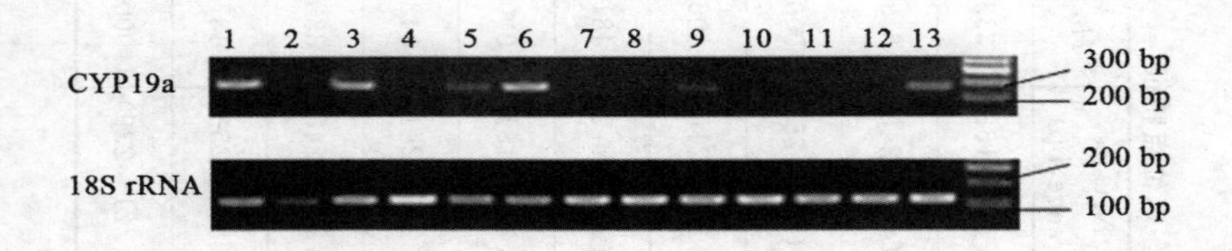


1 卵巢，2 肌肉，3 脑、4 胃，5 肝脏，6 精巢，8 幽门盲囊，9 肾脏，10 脾，11 心，12 鳃，13 肠

**图 1-14　CYP19a 基因在条斑星鲽各组织中的表达**

# 第二章　条斑星鲽亲鱼培育技术

性腺发育优良的亲鱼是苗种产业化繁育的先决条件和物质基础,而亲鱼的营养强化和适宜的培育环境,则是获得优质受精卵的根本保证。为此,探讨亲鱼的性发育规律并满足性发育各时期所需的环境条件,在产业化过程中尤为重要。在亲鱼的性腺发育中,性激素的参与诱导与应用,仅是加速性腺发育进程的辅助举措,使用不当还会导致性腺的退化和病变。开展生殖生物学的研究,对苗种的产业化繁育和养殖生产,以及健康持续的开发这一经济鱼种,将起着十分重要的作用。

## 第一节　亲鱼的选择

条斑星鲽在我国北方海域虽有自然分布,但资源量极小,极难捕获,在我国进行繁育用的亲鱼几乎都是进口苗种经人工养殖培育而来。

条斑星鲽为雌雄异体鱼类,外观上缺乏明显第二性征,仅从外观无法判别鱼的性别。雌、雄亲鱼的差别会通过周期性的性腺发育过程而逐步显现出来。同龄鱼中，一般雌鱼体型较大，产卵前身体肥满度增大，性腺部位明显突出于体表；雄鱼体型较雌鱼为小，性腺成熟期身体肥满度一般，性腺部位不突出。

所选择亲鱼必须是健康无病、体型完整、体态正常、体色花纹美观、行动活泼、摄食积极的个体，尽量选取同龄群体中生长迅速的个体，禁用“老头鱼”做亲鱼。若有条件，应由检疫部门进行疾病的诊断。自然海区中条斑星鲽雄鱼的初次性成熟为 3 龄，雌鱼的初次性成熟为 4 龄。但在人工养殖条件下培育的亲鱼，初次性成熟的亲鱼繁殖性能较差。因此，如果条件允许的话，最好选择 4 年龄以上（或第二次性成熟）的条斑星鲽亲鱼用于人工繁育。

## 第二节　亲鱼培育条件

亲鱼饲养密度为 2～3 $kg/m^2$。亲鱼培育用水为地下井水和自然海水的混合水。培育用水为砂滤海水（2 月份前因自然海水水温较低，使用深井海水或进行温度调配，2 月份后随着自然海水温度的上升，逐步使用自然海水），全程流水培育，日换水量 300%～500%。培育水温依照生殖调控方案进行控制（详见后面的介绍），盐度一般在 28～33，pH 值维持在 7.8～8.2，连续充气，溶解氧≥6 mg/L，$NH_4^+$-N≤0.2 mg/L，光照强度为 100～500 lx，光线均匀柔和。

因为条斑星鲽为春季产卵类型鱼，需要长光照刺激并启动性腺发育。作者在 2006～2007 年的条斑星鲽人工育苗生产试验中，采用的光照调控方案为，前期 L∶D＝12∶12 h，后期 L∶D＝14∶10 h；温度调控过程为，在自然水温降至 10.5℃时，以此为起点按照 0.2℃/d 的速度降温至 6℃（22 d），维持此温度培育 5d 后，再

以 0.2℃/d 的速度升温至 10℃培育(20 d)。在此过程中,11℃→7℃的阶段为亲鱼性腺低温发育的过程,7℃→10℃的阶段为卵子成熟排放过程(表 2-1、图 2-1)。水温是亲鱼性腺发育最为关键的因素。据观察,条斑星鲽亲鱼的性腺发育的主要时期为水温呈下降阶段。

**表 2-1　条斑星鲽亲鱼温光调控培育条件与方法**

| 时间 | 培育阶段 | 水温(℃) | 日换水率(%) | 饵料种类 | 投喂量(%体重) | 备注 |
|---|---|---|---|---|---|---|
| 11.13～1.13 | 越冬期 | 13.0～10.5 | 200 | 蓝点马鲛＋杂虾＋小黄鱼 | 1～2 | 自然光 |
| 1.13～2.14 | 饲育期 | 7.0～10.5 | 300～400 | 玉筋鱼＋小黄鱼＋鱿鱼 | 2～3 | 遮光＋人工控光 |
| 2.14～2.28 | 促熟期 | 6.0～8.5 | 300～400 | 小黄鱼＋鱼粉＋卵磷脂 | 1～2 | 低温促熟 |
| 2.28～4.16 | 产卵期 | 9.0～11.5 | 300～500 | 小黄鱼＋维生素＋杂虾 | 1 | 流水培育 |

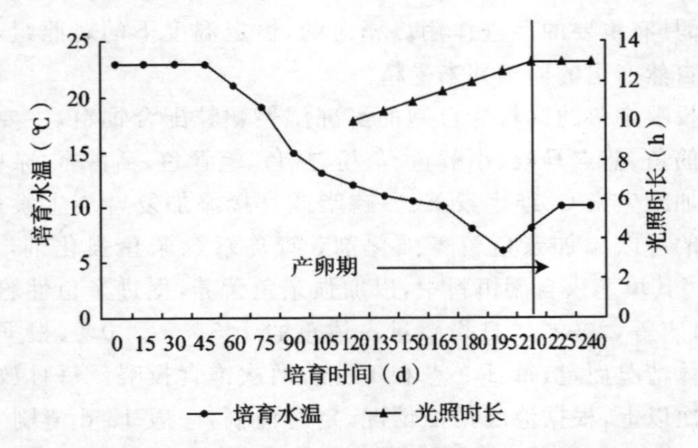


**图 2-1　条斑星鲽亲鱼生殖调控阶段培育水温、光照变化情况**

国内徐世宏等采用的策略包括：①亲鱼雌、雄比例为1∶3。②光照：自11月上旬开始控制光照，在天气晴朗的时候，7点～9点，15点～17点增加白炽灯光，阴天时7点～17点一直增加白炽灯光，每周延长控光0.5 h，到第二年1月初将光照时间控制在14L∶10D，光照强度控制在200～600 lx。亲鱼培育水温一般控制在13℃～19℃，根据性腺发育的规律，每年的9月份最高水温控制在21℃，稳定10 d左右，再慢慢将水温降到18℃左右。在每年的1月份逐渐降到5℃并稳定1周后，以0.2℃/d的幅度升到8℃待产（徐世宏等，2009）。

另外，日本学者通过升温刺激条斑星鲽亲鱼，可以获得自然产出并受精的受精卵（Kayaba等，2003）。具体过程为：在清晨将养殖水温从6℃提高到8℃～9℃，而在次日清晨再降回到6℃，通过这种周期性的温度刺激，结果是调控的亲鱼不仅在产卵量上高于对照组（养殖在恒定温度下，6℃或8℃～9℃），而且大部分卵子为受精的优质卵，说明通过温度的周期性调控，不仅刺激雌性条斑星鲽亲鱼产卵，而且对于雄鱼的产精以及最后的繁殖行为的顺利进行，都具有重要的促进作用。相对的，恒定温度下的对照组，收集到的自然产出的卵子并未受精。

投喂亲鱼的饵料为自制的鲜冻湿性颗粒配合饲料，主要成分为玉筋鱼、蓝点马鲛、小黄鱼、鱼粉、鱿鱼、笔管鱼、活沙蚕、杂虾等，并添加维生素C、维生素E、卵磷脂或直接添加复合维生素片，有条件的可以添加亲鱼营养强化剂（青岛森淼亲鱼强化剂，康宝A），将其填塞入自制饵料中，以加强亲鱼营养，促进亲鱼性腺发育（徐世宏等，2009）。日投喂量占体重的1.5%～3.0%，根据当天的具体情况而定，每日9点和16点，两次饱食投喂。每日放水排污两次以上，根据池底污浊情况，定时清刷，一般15 d清刷1次；根据具体情况，约30 d倒池一次，同时彻底清洗消毒亲鱼培育池。根据具体情况间隔10～15 d对亲鱼进行一次药浴消毒。

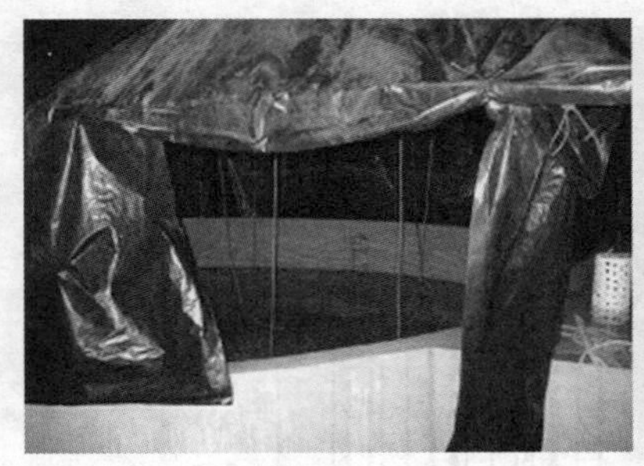

图 2-2　条斑星鲽亲鱼培育池

2006 年 11 月至 12 月初，条斑星鲽雌鱼卵巢的发育仅处在Ⅱ期。即性腺发育的起始阶段，该期需历时 30 d 左右；12 月中旬到 2007 年 1 月上旬时，性腺发育进入Ⅱ～Ⅲ期、Ⅲ期。卵子的发育完成了小生长期的阶段，历时需 35 d 左右。1 月中下旬，性腺的发育多为Ⅲ期性腺；2 月底时，性腺发育达到Ⅲ～Ⅳ期，个别为Ⅳ期；3 月上旬，性腺发育进入Ⅳ期和Ⅳ～Ⅴ期，历时 60～70 d；3 月中下旬到 4 月中旬，雌鱼的性腺发育几乎全部成熟，为Ⅳ～Ⅴ期、Ⅴ期，该期历时 25 d 左右，即产卵盛期；4 月下旬以后为产卵末期，由于初次性成熟，所产出的卵子质量不太理想。在人工调控下条斑星鲽雌鱼的生殖产卵期持续 1 个月左右。

由此表明，条斑星鲽雌鱼的性腺发育，呈现出秋末至冬初为起始阶段，深冬至冬末为性腺发育的深化阶段，冬末至春初的升温季节，则是该鱼性腺发育成熟的阶段，3 月下旬～4 月上中旬则构成了该鱼生殖产卵盛期的变化规律。见图 2-3，图 2-4。

2006 年 12 月 11 日开始对亲鱼进行光照调控，起始光照时间为 10 L∶14 D，每两天延长 30 min，至 12 月 26 日光照时间为 16 L∶8 D。在条斑星鲽繁殖期间，分别在 3 月 7 日、3 月 16 日、3 月 21 日、3 月 28 日、4 月 2 日进行了人工诱导条斑星鲽亲鱼繁殖，收

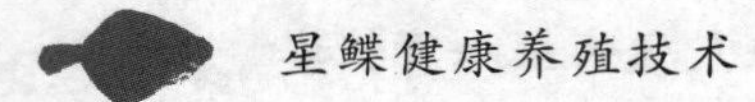


集 4160 mL 受精卵。

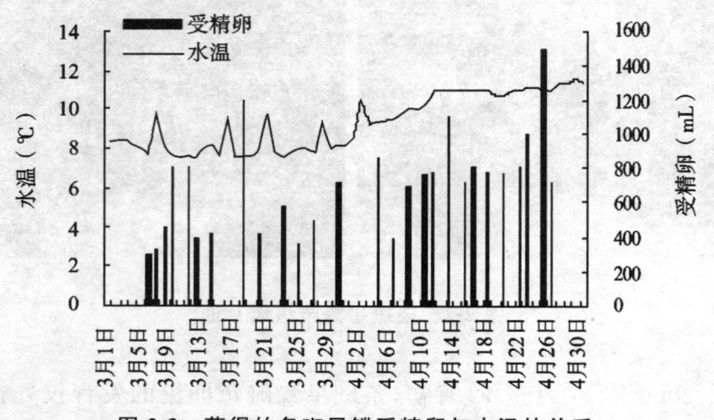


图 2-3　获得的条斑星鲽受精卵与水温的关系

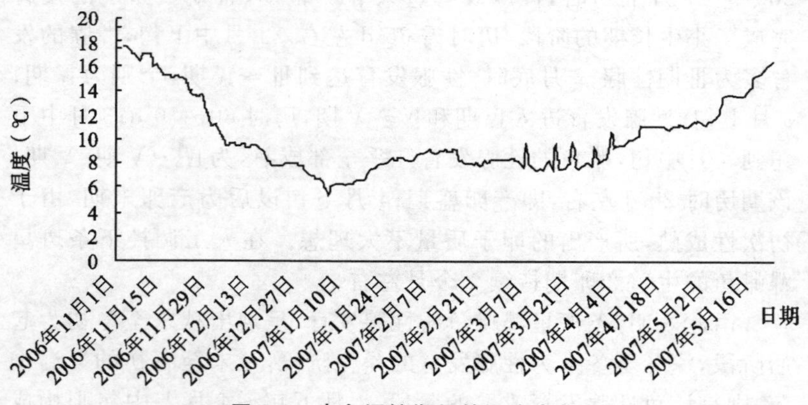


图 2-4　亲鱼调控期间的温度变化

条斑星鲽雄性亲鱼全长为 44.85 cm±0.25 cm，体长 36.20 cm，体重 1.35 kg±0.15 kg。雄性亲鱼的 GSI 值在 11 月份很低，只有 0.07%，到 2 月份迅速增加达到最高值 0.8%。为延长雄性亲鱼的排精期和获得更多、更好的精子，对性腺发育后期的雄鱼进

行了激素的辅助注射。因此，3 月份和 4 月份雄鱼的 GSI 值一直很高，每次每条可获得 1～2 mL 精液，精子密度较大，活力较强。5 月份雄鱼的 GSI 值迅速降至调控前的水平(图 2-5)。

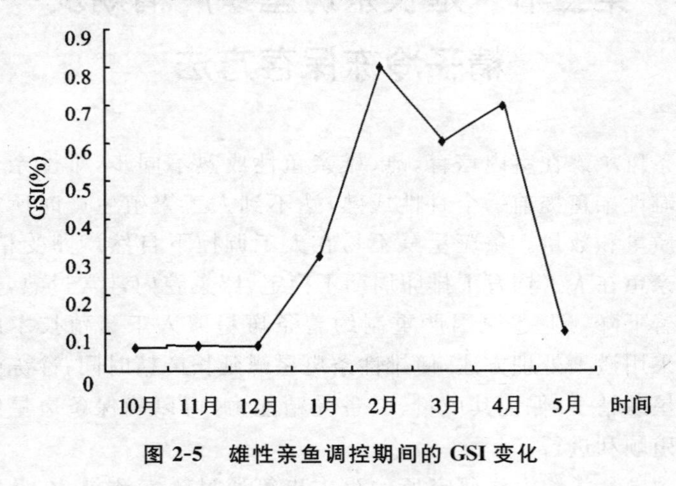


图 2-5　雄性亲鱼调控期间的 GSI 变化

条斑星鲽雌鱼的 GSI 值变化见图 2-6。

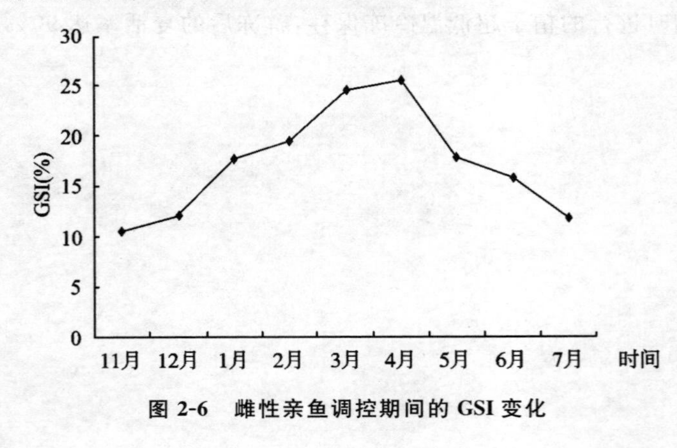


图 2-6　雌性亲鱼调控期间的 GSI 变化

# 第三节 延长条斑星鲽产精期及精子冷冻保存方法

条斑星鲽在室内培育，雌、雄亲鱼性成熟不同步，雄性亲鱼一般比雌性亲鱼提前一个月性成熟，达不到人工繁殖生产时所需精液的质量和数量。条斑星鲽不易在人工调控下自然产卵受精，且雌性亲鱼在人工饲育下排卵周期不稳定，卵巢腔内常常过熟，受精率显著下降。上述原因严重制约着条斑星鲽人工繁殖技术的提高。采用激素处理方法，使雄性条斑星鲽延长产精时间；冷冻保存条斑星鲽精子，保证其质量，具备受精能力，可以确保条斑星鲽人工繁殖顺利进行。

中国科学院海洋研究所的肖志忠等通过激素诱导，在条斑星鲽培育过程中，利用激素延长雄性亲鱼的产精期，产精时间为 3 个月；同时进行的精子超低温冷冻保存，解冻后的复活率达 90％。

# 第三章　条斑星鲽人工繁育技术

## 第一节　胚胎阶段

### 一、人工授精

条斑星鲽属于分批产卵型鱼类，人工控制下每年 1 月～5 月份均可获得受精卵。受精卵属悬浮性卵，透明、分离、无油球，卵径较大（成熟卵直径 1.8 mm 左右），卵膜薄，易破碎，上浮慢，随水流波动悬浮于水中。经测量，条斑星鲽尾芽期受精卵直径范围为 1.793～1.830 mm，平均为 1.809 mm，约 364 粒/克。初次性成熟雌鱼怀卵量在 30 万～60 万粒/尾，每次的产卵量为 6.0 万～10.0 万粒/尾。

生产试验中发现人工培育的条斑星鲽亲鱼不易自然产卵受精。通过亲鱼生殖调控，当雌鱼生殖腺明显膨大且生殖孔红肿，雄鱼可挤出乳白色精液且精子活动活泼时，可以采取以下方法诱导：人工调节主要环境因子，如水流、温差协调刺激，再通过人工采卵检查筛选性腺发育至Ⅳ期的雌鱼，注射激素进行诱导（混合注射量为绒毛膜促性腺激素（HCG）500～1000 IU/kg 亲鱼体重，促黄体素释放激素(LHRH-A3) 5 μg/kg 体重,48 h 后相同剂量注射第二次)。诱导后 7～10 d 雌鱼腹部膨大更加明显,生殖孔红肿外凸,即可进行人工采卵授精。激素诱导产出成熟卵后,开始的 15 d 内为每 24 h 挤卵 1 次,之后改为每 36 h 挤卵 1 次。由试验结果(图 3-1,图 3-2),推测激素的作用效应周期在 20 d 左右。

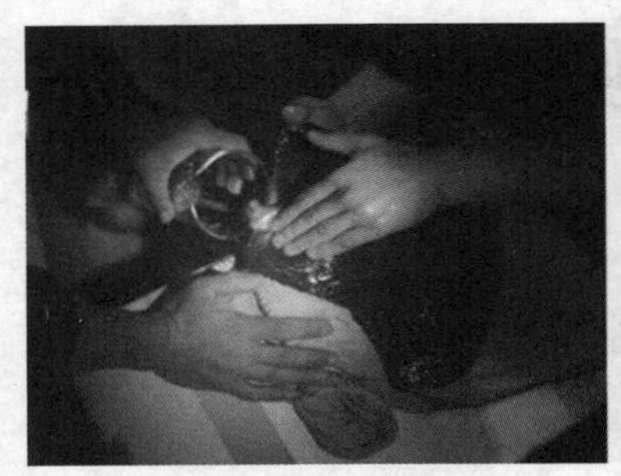

图 3-1　人工采卵及授精

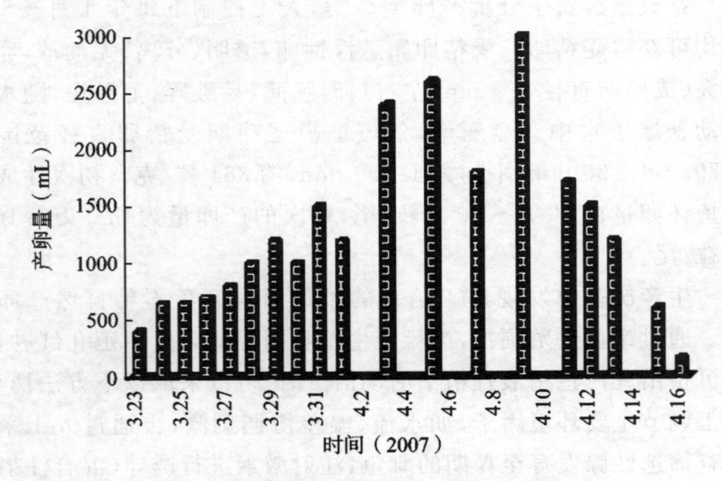


图 3-2　激素诱导作用时效-产卵量示意图

条斑星鲽受精卵的获得方法主要是人工挤卵干法受精，尽量缩短采卵操作过程，采卵量40～50 mL，即可用洁净玻璃吸管采集纯净精液2～3滴(加入的精液最好来源于2条以上的雄鱼)，滴入卵子中，轻轻搅拌均匀，2 min后加少量清洁过滤海水，用10～15 mg/L的聚维酮碘浸洗3～5 min，然后用较高盐度(盐度35左右)清洁海水冲洗，静置于玻璃量筒中10～15 min，分离沉卵(未受精卵及过熟卵)和浮卵(受精卵)，受精卵分离必须结合镜检观察，避免受精卵的损失，同时记录上浮卵量。笔者2007年3月1日～5月15日条斑星鲽采卵结果如表3-1所示。

**表3-1　2007年春季条斑星鲽采卵结果**(烟台百佳水产有限公司)

| 采卵时间 | 采卵亲鱼尾数 | 采卵总量($\times10^4$) | 上浮卵量($\times10^4$) | 受精率(%) | 初孵仔鱼($\times10^4$) | 孵化率(%) |
|---|---|---|---|---|---|---|
| 3.1～3.23 | 35 | 818 | 574 | 70.21 | 146.24 | 25.46 |
| 3.24～4.15 | 70 | 1296 | 1040 | 80.31 | 382.10 | 36.73 |
| 4.16～5.15 | 50 | 478 | 238 | 49.73 | 72.30 | 30.4 |
| 合计 | 155 | 2591 | 1852 | 71.48 | 600.64 | 32.4 |

据2007年采卵及授精情况，雄性全长≥30 cm、体重≥500 g，雌性全长≥42 cm、体重≥2000 g的条斑星鲽亲鱼，性成熟较好，雄性精液充足、雌性怀卵量大。雌鱼单次产卵量与其年龄、个体大小、性腺发育程度等因素相关。

## 二、受精卵孵化

采集的受精卵用$10\times10^{-6}$～$15\times10^{-6}$的PVP-I液浸泡处理5 min，使用洁净海水清洗干净后收容入80 cm×60 cm×60 cm的孵

化网箱(80 目)中孵化(图 3-3)。孵化箱置于长方形水泥孵化池($10\ m^3$)中,池内充空气,并在孵化网箱底部加一气石连续微量充气孵化,及时清除水体表面污物以及沉于网箱底部的死亡胚胎。受精卵孵化密度 $17\times10^5\sim24\times10^5$ 粒/米$^3$,孵化水温 9℃~11℃,盐度 32~33,pH8.0~8.2,溶氧量 6~8 mg/L,光照强度 500~800 lx,连续微充气,受精卵在上述条件下经 144~156 h 完成孵化。孵化过程中对受精卵发育进行连续观察记录,孵化结束统计受精率、孵化率。

**图 3-3　受精卵孵化池及孵化网箱**

受精后卵内物质受到刺激而收缩,受精膜举起,产生卵间隙,同时卵内原生质逐渐向动物极一端集中。卵周隙为 0.020~0.302 mm。据观察,发育良好的受精卵在盐度大于 31 水体中呈漂浮状,水体盐度小于 28 则下沉,而未成熟卵、过熟卵、未受精卵及变质卵,其卵内原生质集聚成团状或块状,短时间即下沉至网箱底部后分解。

试验发现,孵化过程中采用纯氧充气与普通空气充气对孵化效果的影响差异不明显。孵化期内一般采用流水孵化,也可采用添加适量新鲜海水换水方法孵化,流水、换水必须使用同水温、同盐度海水。试验测定初孵仔鱼平均全长 4.23 mm,平均头长 0.62

mm,平均头高0.31 mm,具有39～40个肌节,躯干上无色素,通体无色透明。

## 三、培育环境理化因子对胚胎发育的影响

1.水温对条斑星鲽受精卵孵化的影响

受精卵孵化时间受孵化水温的影响显著,在适宜水温范围内,胚胎发育速度与水温呈正相关,胚胎发育用时与水温呈负相关,即水温越低,孵化周期越长,反之,孵化周期越短。人工繁育鱼类受精卵孵化所控制温度范围与该鱼种繁殖期自然水温基本一致,水温过高、过低都会影响孵化效果,造成胚胎畸形发育,孵化率降低。

不同温度对条斑星鲽受精卵孵化的影响见图3-4。试验表明,温度在8℃～18℃范围内,条斑星鲽受精卵孵化率变化呈抛物线状,在10℃达到最高(83.4%),而初孵仔鱼畸形率变化则呈相反

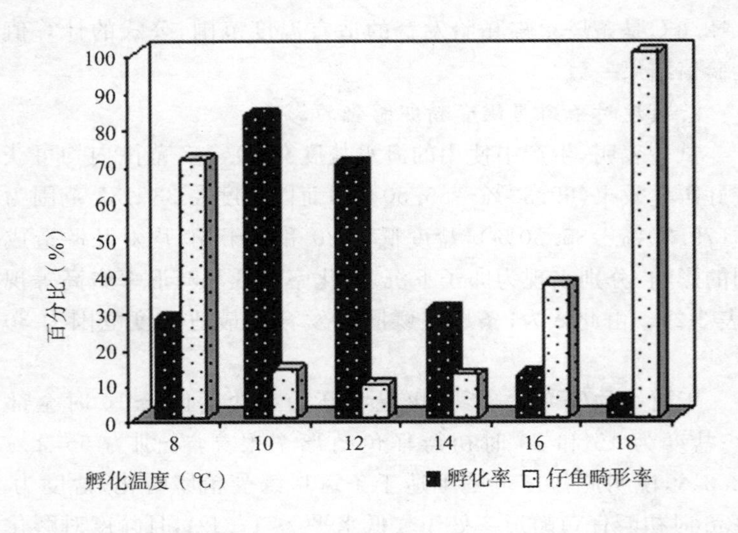


图3-4 条斑星鲽受精卵在不同温度下的孵化率和仔鱼畸形率

态势。温度在10℃～12℃范围内孵化率高(70.3%～83.4%)，畸形率低(6.2%～11.7%)；温度8℃孵化率低(23.5%)且畸形率较高(70.8%)；温度16℃、18℃孵化率低(12%、5%)、畸形率高，尤其是18℃以上，初孵仔鱼100%为畸形。生产结果表明，在温度10℃～12℃范围内，条斑星鲽孵化率最高。

王妍妍等根据有效积温(Sum of effective temperature)法则，设计试验计算了条斑星鲽胚胎发育的阈温度和有效积温。鱼类的胚胎发育过程中不仅需要一定的温度，而且需要温度与时间的结合，即需要一定的总热量，才能完成某一阶段的发育。但是任何一种生物的发育都是在一定的温度以上才开始，低于这个温度，生物不发育，这个温度称为发育阈值温度(Developmental threshold temperature)，或称为生物学零度(Biological zero)。通过计算获得的条斑星鲽胚胎发育的生物学零度为－0.1℃，平均有效积温值1726.48℃·h。对胚胎发育的温度系数 $Q_{10}$ 进行计算，得出9.5℃～12.3℃是条斑星鲽胚胎发育的适宜温度范围，公式的计算值与实验值结果一致。

2. 盐度对条斑星鲽受精卵孵化的影响

试验表明，生产中使用的海水盐度在30～37范围内均可获得较好孵化效果(69.32%～85.50%)，而以盐度在33～35范围为最佳(79.30%～85.50%)，盐度低于30和高于40均对胚胎造成不利的影响，分别表现为卵子下沉、孵化率降低和畸形率增高等现象(表3-2)。由此认为，条斑星鲽胚胎发育的最适盐度范围为30～37。

王妍妍的研究发现：条斑星鲽胚胎在盐度低于10时全部死亡；盐度为15和20时初孵仔鱼畸形率很高，分别为65.1%和82.3%，说明此盐度范围不适于条斑星鲽受精卵孵化；盐度为28～36时初孵仔鱼畸形率处于较低水平(≤17.1)，且盐度对孵化时间基本无影响(Grace等，1980)。

表 3-2　盐度对条斑星鲽受精卵孵化的影响

| 盐度 | 28 | 30 | 33 | 35 | 37 | 40 |
|---|---|---|---|---|---|---|
| 孵化率(%) | 0 | 69.32 | 79.30 | 85.50 | 72.60 | 60.8 |
| 畸形率(%) | — | 11.77 | 3.83 | 2.76 | 19.18 | 23.45 |

## 四、条斑星鲽胚胎发育时序

在水温 8℃±0.3℃，盐度为 33 的条件下，条斑星鲽受精卵历时 216 h(9 d)左右孵出仔鱼。其具体的发育时序及发育特征见表 3-3、图 3-5。

表 3-3　条斑星鲽的发育时序及发育特征

| 发育时期 | 发育时间(h) | 胚胎主要发育特征 | 图版 |
|---|---|---|---|
| 受精卵 | 0 | 卵径 1.70 mm±0.02 mm，卵黄囊径 1.57 mm±0.025 mm，卵黄间隙狭窄 0.11 mm | |
| 胚盘形成期 | 2.5 | 受精卵内的原生质开始向动物性极流动集中，原生质的流动集中停止，在动物性极隆起形成帽状胚盘 | |
| 2 细胞期 | 4 | 受精卵第一次经裂。在胚盘顶部的中央出现纵行的分裂沟，将胚盘分割成 2 个等大的分裂球 | 1 |
| 4 细胞期 | 6 | 受精卵第二次经裂。分裂沟与第一次经裂沟相互垂直，胚盘被分割成 4 个相等的分裂球 | 2 |
| 8 细胞期 | 7 | 第三次经裂，分裂沟位于第一次经裂沟的两侧并与第二次经裂沟垂直，胚盘形成 8 个大小相似的细胞球 | 3 |

续表

| 发育时期 | 发育时间(h) | 胚胎主要发育特征 | 图版 |
|---|---|---|---|
| 16 细胞期 | 9 | 第四次经裂,将胚盘分割成 16 个细胞球 | 4 |
| 32 细胞期 | 10 | 第五次卵裂,开始出现不同步卵裂和部分纬裂。最终形成 32 个分裂球 | |
| 64 细胞期 | 11 | 第 6 次卵裂,亦第一次纬裂,使细胞形成双层,裂球大小差异明显,排列不规则 | |
| 桑葚期 | 14 | 胚盘多次经裂和纬裂的交叉进行,变成多层细胞球并堆积于动物极,恰似"桑葚" | 5 |
| 高囊胚期 | 22 | 裂球又经过几次交叉分裂,细胞团在胚盘中央隆起并达到最高点,同时贴近卵黄的中央处出现囊胚腔 | 6 |
| 低囊胚期 | 32 | 囊胚的高度逐步降低,细胞层相对变薄,渐渐沿卵黄囊向扁平发展,为胚盘的下包做准备 | 7 |
| 原肠早期 | 44 | 下包 0～25 %。低囊胚时的周边细胞不断分裂并沿卵黄囊下包,同时内卷,下包约 20%,可见胚环的出现 | 8 |
| 原肠中期 | 68 | 下包 25%～50 %。胚盘继续向植物极运动,下包约 40%时,预定的胚体原基处细胞开始加厚,在胚环清晰的基础上,胚盾出现 | |
| 原肠晚期 | 78 | 下包 50%～85%。下包约 50%,胚体雏形出现,下包约 2/3 时,神经板形成,同时头部神经板下陷形成神经褶 | 9 |

续表

| 发育时期 | 发育时间/h | 胚胎主要发育特征 | 图版 |
| --- | --- | --- | --- |
| 原口关闭期 | 84 | 下包85%到胚孔关闭。卵黄栓形成，克氏囊出现，胚体此时已绕卵黄囊近1/2，胚体中部形成神经管；随着胚体的下包直到胚孔的关闭，神经管逐步向头部和尾部两个方向愈合，同时在先愈的神经管处形成肌节，胚孔关闭前出现6～8对肌节 | |
| 视囊期 | 93 | 头部逐渐开始分化，形成视囊，克氏囊清晰可见，肌节8～12对 | 10 |
| 嗅囊期 | 117 | 胚体头部嗅囊显现。视囊内陷形成视杯，心脏原基出现，呈实心细胞团状 | 11 |
| 晶体出现期 | 132 | 在视杯的中央，晶体出现，无色素分布。卵膜上有零星点状黑色素 | 12 |
| 尾芽期 | 140 | 胚体尾部腹面的克氏囊消失，尾芽开始游离。颅顶后端的听囊以及囊内的耳石原基清晰可见。胚体开始聚集大量色素细胞 | 13 |
| 心脏跳动期 | 164 | 胚体心脏开始微弱和缓慢的搏动，心率为8～12次/分钟，卵胚发育步入孵化前期 | |
| 肌肉效应期 | 173 | 心跳加快，心率为50～56次/分钟胚体开始间歇地进行扭动和颤动。体节32～36对 | 15 |
| 孵化期 | 216 | 胚体运动加剧，心脏搏动也随之加速，仔鱼开始破膜付出。以头部首先孵化出膜。孵化周期约为12 h | 16 |

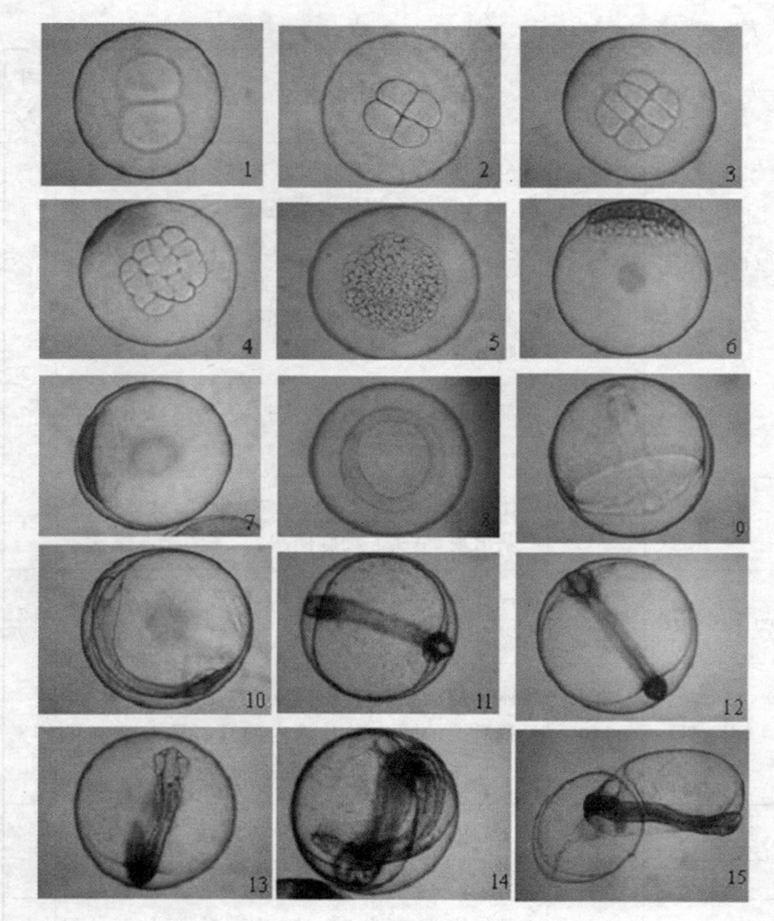


1. 2 细胞期；2. 4 细胞期；3. 8 细胞期；4. 16 细胞期；5. 桑葚期；6. 高囊胚；7. 低囊胚；8. 原肠早期；9. 原肠末期；10. 视囊期；11. 嗅囊期；12. 晶体出现；13. 尾芽期；14. 肌肉效应期；15. 仔鱼孵化

**图 3-5　条斑星鲽的胚胎发育**

# 第二节　苗种培育阶段

## 一、仔稚鱼分期及发育特征

1. 前期仔鱼(Pre-larval stage)

初孵仔鱼：仔鱼孵化出膜后尾部弯曲，经 15～30 min 身体展直。初孵仔鱼的全长为 4.05 mm±0.55 mm，体长为 3.92 mm±0.25 mm。仔鱼抱卵方式为端位。仔鱼的肛前距为 2.30 mm，约占体长的 55.6%。腹部带一较大的卵黄囊球，囊内卵黄物质丰富，卵黄囊长径 2.27 mm，短径 1.16 mm。消化管细直可伸达卵黄囊前的 1/3 处，仔鱼肌节 $M=21\pm(27\sim28)$对。背鳍膜始于颅顶眼球中央的上方稍后，膜的前 1/3 较为低矮，中后端逐渐增高，鳍膜透明较薄且无色素分布，臀鳍膜也相对低窄，无色素分布，尾鳍膜圆形，所有鳍膜均透明。在仔鱼肛门以后的背、腹缘及体侧具稀疏分布的点状和星状黑褐色素细胞，仔鱼在水面上腹部向上漂浮(图 3-6A)。

1 日龄仔鱼：仔鱼身体平直，脊索末端尾节尖细而透明。全长为 4.70 mm，体长为 4.10 mm，卵黄囊长径为 2.07 mm、短径为 1.00 mm。直肠开始膨大，鱼体体侧点状和星芒状黑褐色素增多，背、臀鳍鳍膜发达而增高，背鳍膜的前端 1/3 处鳍膜开始增厚，在尾中央稍后的背鳍膜上也有小范围的增厚部分。尾鳍圆形，与背、臀鳍鳍膜相连。仔鱼眼睛的晶体略呈黑褐红色(图 3-6B)。

2 日龄前期仔鱼：仔鱼全长为 4.85 mm，体长为 4.25 mm。此时仔鱼的卵黄囊营养物质吸收明显，卵黄囊膜开始与腹腔内壁膜分离开来，卵黄囊逐渐浓缩成不规则的球状，大小仅为原来的 2/3

左右。直肠细直向体前延伸,鱼体体表的星状及点状黑褐色素加密,同时鱼体背缘和腹缘出现有星芒状和小菊花状的黑褐色素细胞。尾部中央稍后的背鳍膜边缘上出现有扫帚状的褐色素细胞,尾节依然尖直、细而透明(图 3-6C)。

3 日龄前期仔鱼:仔鱼全长为 5.10 mm,体长为 4.85 mm,鱼体较为健壮,眼镜出现黑色素细胞,鱼体体表的色素细胞为点状、星状、星芒状及花状镶嵌在一起的黑褐色素细胞,浓缩的卵黄囊此时呈现出球形,可占腹腔的 1/2。球膜与腹腔膜分离的更加明显,卵黄球的顶端或前端分布有少量的菊花状和树枝状的黑色素细胞。消化管继续向体前延伸,超过卵黄球的前端,呈粗壮而发达的消化管,此时并未与食道沟通。背、臀鳍鳍膜的基部同时增厚,尾中央稍后的背鳍膜上的扫帚状色素越加浓密增多。尾节依然尖直透明。

4 日龄前期仔鱼:仔鱼全长为 5.87 mm,体长为 5.70 mm。仔鱼的发育较快,卵黄囊球吸收变小,为腹腔的 2/3 左右,其分布位置不定。仔鱼的其他特征变化不大,仅在尾中央稍后的背腹鳍边缘,分布出浓密的扫帚状和枝状黑褐色素。消化管的前端逐渐变得膨大,继续向前延伸。

5 日龄前期仔鱼:全长为 6.23 mm±0.055 mm,体长为 6.04 mm±0.065 mm。浓缩的卵黄球逐渐变小,占腹腔的 1/2,色素明显,多在消化管的中下部。消化管粗直,前端逐渐与食道接近,眼和晶体呈现出棕色。仔鱼体表因点状和星芒状色素的加密变得越加发黑,尾鳍鳍膜的下叶开始增厚,并有辐射丝出现,其他变化不大。

6 日龄前期仔鱼:全长为 6.27 mm,体长为 6.07 mm。仔鱼的消化管平直,继续向前延伸,背、臀鳍鳍膜增厚加剧,除上述色素出现外,其他部位皆无色素。体表色素增多且浓密。心脏原基出现,搏动加速。吸收后的浓缩的卵黄囊球越加变小,仅占腹腔的 1/3

左右，囊上色素更加明显。吻端的黑色素出现。仔鱼眼睛呈浅棕色或黑褐色。

7～8日龄前期仔鱼：仔鱼全长为6.26 mm，体长为6.10 mm。仔鱼的口可以开启，眼睛黑色素出现，胃的原基变得膨大，肠、直肠分化完善且变得粗壮发达。消化管的各部分分化基本完成，残存的卵黄囊球细小可见。仔鱼的吻前端上下颌处出现有点状的黑色素细胞，异常明显。肛门后的体背、腹缘开始向鳍膜边缘辐射出枝状和帚状色素细胞分布更为密集，体表色素可延伸到尾节之前，但尾节依然透明、尖直无色。尾鳍膜下叶的辐射丝增多，仔鱼的头部颅顶及鳃盖部分色素也密集分布。腹部的色素以星芒状、花状和枝状色素为主（图3-6D）。

2. 后期仔鱼（Post-larval stage）

9～10日龄后期仔鱼：仔鱼全长为6.31～6.45 mm，平均为6.38 mm±0.07 mm；体长为6.18～6.34 mm，平均为6.26 mm±0.08 mm。仔鱼的食道与胃前端贲门沟通。消化管各部分化形成且发育完善。仔鱼开始开口摄食，残存浓缩的卵黄囊球此时消失。鱼体体侧、头部颅顶和腹部浓密的花状、枝状和星芒状黑褐色素密集分布。致使鱼体越加变黑，但尾节依然透明无色，尾鳍膜上下叶均出现辐射丝。仔鱼的运动加强，可主动捕食轮虫。背、臀鳍鳍膜开始吸收变短，鳍担骨出现。尾中央后端的背鳍膜上的色素延伸到鳍膜边缘。胃膨大与肠的衔接处发生扭曲现象。

11日龄后期仔鱼：全长为6.51 mm，体长为6.31 mm。鱼体变化不大。

12～13日龄后期仔鱼：全长为7.12 mm，体长为6.91 mm。仔鱼体明显增长，眼睛黑色素浓，听囊明显，各奇鳍鳍膜普遍增厚，鳍基基部的鳍担骨和部分鳍条出现，色素分布向体后及鳍膜边缘继续延伸。尾鳍膜下叶的辐射丝逐渐形成鳍条，仔鱼的游动能力加强。

14 日龄后期仔鱼:全长为 7.45 mm,体长为 7.20 mm。仔鱼的消化管开始扭转盘曲。尾鳍下叶鳍条增长。体表的菊花状和树枝状黑褐色素分布越加浓密,苗种体色变黑(图 3-6E)。

15 日龄后期仔鱼:仔鱼全长为 7.50 mm,体长为 7.26 mm。奇鳍基膜逐渐吸收,鳍条陆续出现,胸鳍发达,鳍条出现完全。体表色素向后延伸到尾末节之前。

16～17 日龄后期仔鱼:仔鱼全长为 7.37 mm,体长为 7.18 mm。仔鱼尾节依然透明无色素。背、臀鳍鳍担骨的出现完全,1/2 的鳍条出现。尾鳍条的生长速度较快,尾鳍发育趋向完善。

18～19 日龄后期仔鱼:仔鱼全长为 7.88 mm,体长为 7.70 mm。仔鱼的头部、颅顶、颊部以及腹部布满了花状、星芒状黑褐色素。体表色素继续向后延伸,变得浓密,尾鳍完善。

20 日龄后期仔鱼:仔鱼全长为 10.00 mm,体长为 9.00 mm。背、臀鳍鳍条的增长已达到鳍膜的 2/3,色素分布此时已达到其鳍条的 1/2。苗种体高增长迅速,鱼体体表浓黑,仔鱼的尾节开始上翘,尾鳍条发育完善(图 3-6F)。

24 日龄后期仔鱼:仔鱼全长为 10.59 mm,体长为 9.35 mm。背鳍膜吸收完毕,鳍条发育完善,臀鳍鳍膜开始吸收 2/3 左右,鳍条大部出现,色素分布已达到鳍膜的 2/3。解剖仔鱼时可观察到消化管出现一个盘曲。仔鱼的摄食量增强,胃饱满,直肠膨大而短。

26 日龄后期仔鱼:仔鱼全长为 10.65 mm,体长为 10.00 mm。苗种体高继续增高,体高/体长为 0.476,体表色素分布已延伸尾扇骨的前端,整个鱼体呈黑褐色。肛门位于体长的近 1/2 处。仔鱼摄食量增强。尾鳍鳍条发育完善,开始出现点状色素,分布稀疏,圆形尾大部分透明。背鳍、臀鳍和尾鳍发育完善,仅边缘残存有少量的鳍膜尚未吸收。

27 日龄后期仔鱼:仔鱼全长为 11.20 mm,体长为 10.25 mm。

肛前距小于体长的1/2，为体长的48.4%。体高/体长为0.474。仔鱼鱼体依然左右对称色素分布无明显变化，背臀鳍鳍条的发育生长迅速并分布有黑褐色色素，鳍膜完全消失。尾鳍圆截形，无色透明。左眼开始向颅顶部上移。胸鳍圆扇形，在背臀鳍的鳍基向鳍条延伸可隐约见到背鳍出现2～3个条斑带，臀鳍2个条斑带(图3-6G)。

28日龄后期仔鱼：仔鱼全长为11.65 mm，体长为10.50 mm。体高/体长为0.475，仔鱼的体高生长明显快于体长。仔鱼的背、臀鳍鳍条发育和生长接近完善，鳍基和鳍条上的黑褐色素分布，占据了大部分，仅尾部中央后1/2部分色素尚未出现，呈透明无色。尾鳍圆形，无色透明。

29日龄后期仔鱼：仔鱼全长为12.00 mm，体长为11.0 mm。鱼体体表色素分布无明显变化，仅头部、鳃盖及腹部的花状与枝状色素出现更加密集，体高/体长仍停留在0.475的水平上。鱼体左右两眼依然对称，肛门位于身体的1/2处。

30～32日龄后期仔鱼：仔鱼的体高略有增长，体高/体长为0.474。肛门向体前略有位移，肛前距为体长的42.1%。在背、臀鳍的鳍基及鳍条上，隐约有3～4条和2～3条黑褐色条斑带痕，除两鳍的后端无色素分布外，大部分鳍条均分布有黑褐色素，使鱼体变得更加深黑。尾鳍无色透明，圆截形(图3-6H)。

34日龄后期仔鱼：仔鱼全长为12.65 mm，体长为11.75 mm。体高的增高在此期达到最高点，体高/体长为0.474，以后的发育中体高不再增加。各鳍发育完善，色素布满各鳍，鳍条出现齐全，发育完善。仔鱼左眼的上升接近颅顶的边缘，失去了原有的对称状态。背、臀鳍鳍基和鳍条上出现的黑褐色条斑带逐渐清晰，背鳍上具4～5条条斑带，臀鳍4条条斑带，尾鳍圆截形，无色透明。肛前距为体长的42.1%～42.5%，肛门仍在向体前位移。鱼体体侧前部的体前色素细胞由前期的集中、浓密而逐渐开始分散变浅。

仔鱼大部沉降于水体的近底层，游弋觅食但不伏底或贴地。后期仔鱼的发育阶段基本结束，仔鱼将进入变态的深化期。

3. 稚鱼(Juvenile stage)

36～37 日龄的稚鱼：稚鱼的全长平均为 16.50 mm±1.50 mm，体长平均为 14.25 mm±1.25 mm，体高/体长为 0.428±0.034，肛前距/体长为 0.408±0.014。稚鱼体色开始变浅，体表稀疏分布点状、星状和星芒状黑褐色色素，前期的枝状和花状色素逐渐消失。左眼开始上升到颅顶的背缘，并有向体右侧扭转位移的趋势，体表鳞被刚刚出现，背臀鳍鳍基及鳍条上的色素分布依然浓密，条斑痕迹隐约出现，鱼体的体高依然增加，稚鱼开始出现伏底和贴壁，运动时身体斜倾，由于稚鱼发育生长的不同步性，有的发育较快的个体左眼已有 1/2 越过颅顶。

39～42 日龄稚鱼：全长平均为 20.50 mm±1.50 mm，体长平均为 17.75 mm±1.25 mm，体高/体长为 0.398±0.023，肛前距/体长为 0.403±0.035。此期稚鱼的体高增长已经达到最大值，不再增加，肛门的体前位移也达到了极限，体表色素变得更浅，色素形状简单，多为点状、星状和星状色素聚集成的小花斑，体表色素已延伸到尾扇骨的末端。左眼已有 2/3 越过颅顶逐渐向体右侧下移。背、臀鳍上分布的黑褐色条斑带显现出来，鳞被布满全身。尾鳍条斑出现尚不完善，多为半条斑或斑块，其余部分仍为无色透明。稚鱼全部伏底极少游动，但仍在摄食。

43～47 日龄稚鱼：全长平均为 21.25 mm±0.25 mm，体长平均为 18.25 mm±0.25 mm。稚鱼的左眼已完全位移到鱼体的右侧，失去原有的对称体态，体表色素的分布没有多大变化，体色为浅沙褐色，体表披满鳞被，背鳍条斑带出现 8～9 条，臀鳍条斑带出现 6～7 条，尾鳍条斑带 4～5 条，稚鱼的运动方式和摄食行为趋近于幼成鱼，“变态”深化期需历时 10～11 d，“变态”完成后的稚鱼，开始进入幼鱼的发育时期(图 3-6I)。

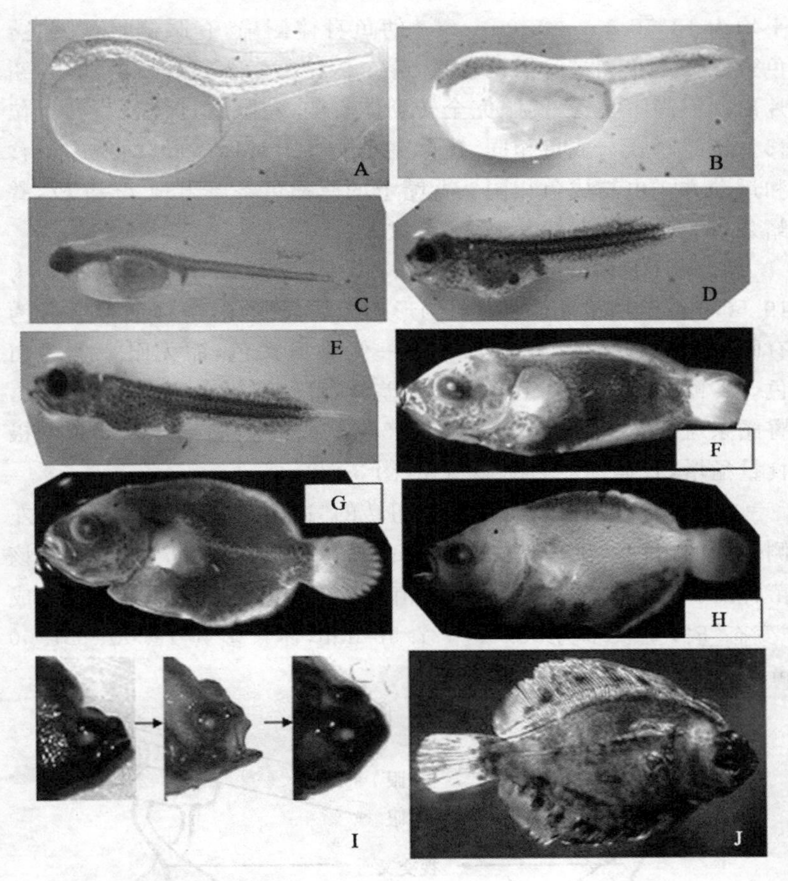


A. 初孵仔鱼 B. 1日龄仔鱼 C. 2日龄仔鱼 D. 8日龄开口期仔鱼
E. 14日龄仔鱼 F. 20日龄仔鱼 G. 27日龄仔鱼 H. 30～32日龄仔鱼
I. 39～47日龄稚鱼 J. 50日龄幼鱼

**图 3-6 条斑星鲽的胚后发育图**

4. 幼鱼(Young stage)

48～49日龄:苗种的全长平均为22.25 mm±0.75 mm,体长平均为 18.50 mm±1.00 mm。幼鱼身体侧扁，有眼侧呈沙褐色，色素多为点状和星状黑褐色素，分布稀疏。变态完成后的幼鱼，鳞片出现但尚不完善，两眼完全转到体右侧，左眼越过颅顶后向下位移。各鳍鳍式与成鱼相同，鱼体完全失去了对称体形，幼鱼的摄食和运动方式也与成鱼相同。背鳍上的黑褐色条斑出现 7～9 枚，臀鳍条斑 5～6 枚，尾鳍条斑 3～5 枚。

50～51 日龄：全长平均为 23.25 mm±0.25 mm，体长平均为 19.50 mm±0.50 mm。幼鱼的形态无明显变化，身体明显区分为有眼侧（右）和无眼侧（左），有眼一侧为浅褐色，而无眼一侧为白色。各鳍的条斑数在个体间略有差异，背鳍黑褐条斑一般为 9 枚，臀鳍条斑为 7 枚，尾鳍条斑为 3～5 枚。全身披满鳞片。幼鱼的摄食量猛增，且运动能力明显增强（图 3-6J）。

在"变态"中，出现有视神经扭转的"逆位现象"（即有眼侧为左侧个体的苗种），出现率在 1/10000～3/10000（图 3-7 和 3-8）。该苗种的"变态"发生略迟于正常苗种，但体长大于正常苗种，完成"变态"时，全长多为 23.80～27.50 mm，体长多为 19.00～21.00 mm。

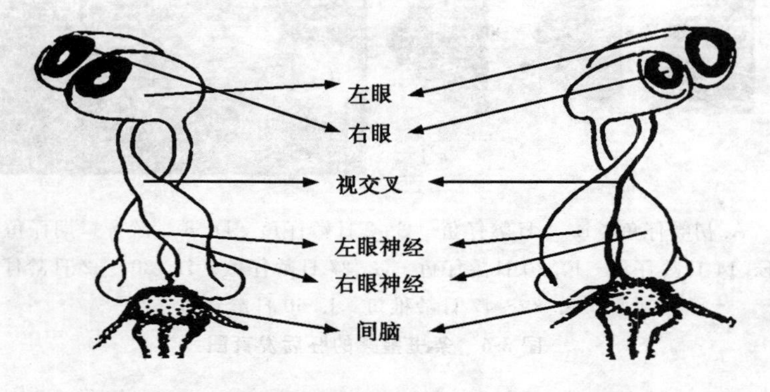


图 3-7　条斑星鲽苗种视神经的扭转（右）和逆位现象（左）

图 3-8　条斑星鲽苗种的逆位个体(55 日龄)

## 二、条斑星鲽产业化苗种培育规律

条斑星鲽苗种培育中，掌握各发育时期的变化规律，对提高苗种的存活率、扩大苗种的生产量是必不可少的研究内容。

条斑星鲽属于冷水、冷温性的经济鲽类，这与其他冷水、冷温性鱼类——星斑川鲽(*Platichthys stellatus*)、欧川鲽(*Platichthys flesus*)以及太平洋鲱(*Clupea pallasi*)相似，其性腺发育和生殖产卵皆在低水温环境下进行，且受精卵的孵化期和早期发育周期相对较长。同时，条斑星鲽在个体发育中又有着自身的特殊规律，这在条斑星鲽苗种产业化繁育生产中应引起格外的关注。

1. 受精卵和卵胚发育规律

1)条斑星鲽受精卵质量的优、劣鉴别，应以卵的形态、卵径大小、卵黄颗粒的均匀和透明程度、卵的受精率、孵化率以及开口率等几方面综合判定。例如，条斑星鲽在同一生殖期中常因产卵时的水温环境和产卵批次的不同，存在着明显的差异性：生殖初期(6.0℃～7.0℃)的成熟卵子受精率在 20%～30%，卵径相对较大，一般为 1.80～1.90 mm；生殖盛期(8.0℃～9.0℃)卵的受精率在 40%～60%，卵径多为 1.70～1.80 mm，受精卵的孵化率可高达80%～90%；生殖末期(9.0℃～10.5℃)卵的受精率仅为10%左右，卵径变小，孵化率在10%以下，仔鱼的开口率也相对较低。特别是当水温≥11.0℃时，亲鱼所产出的成熟卵子上述各项指标皆低，难以达到苗种产业化繁育的要求，因此，条斑星鲽可生殖产卵的水温为6.0℃～11.0℃，最适生殖水温为7.0℃～9.0℃。

2)条斑星鲽的受精卵，可孵化的水温为6.0℃～12.0℃，最适宜的孵化水温为8.0℃～10.0℃，受精卵在可孵化水温的范围内随其水温的升高，卵胚的发育速度加快，仔鱼的孵出时间也随之缩短。孵化水温≥13.0℃时，即使是优质的受精卵，孵化率也极低，或卵胚到某一发育阶段时中止，不再进行下去，即使有个别仔鱼孵化出膜，也多为畸形个体。

3)条斑星鲽受精卵可孵化的海水盐度为27～36，最适海水孵化盐度为32～35。孵化盐度32～35时，受精卵的上浮率可达90%以上，卵的孵化率在50%以上；孵化盐度降至27～30时，受精卵多悬浮于水域的中层或中下层，其孵化率仅为20%～30%；孵化海水盐度26时，受精卵在水中的生态分布为底层，孵化率多在10%以下。为提高受精卵的孵化率，条斑星鲽受精卵的孵化过程中，应选择高盐(32～34)和低温(8.0℃～9.0℃)的孵化环境。孵化中还应施以微循环水和充气的举措。特别是采用受精卵的高密度孵化，分级培育的技术时更要严加注意。

4)在条斑星鲽受精卵的收集中，时常出现有受精卵内带有“空泡”的卵粒，以致该“空泡”可携带到孵化出膜的前期仔鱼的腹腔中或卵黄囊内，导致卵胚或前期仔鱼发育到一定阶段时便死亡。这一“空泡”的出现源自亲鱼的生殖障碍，或源自卵胚发育中外界培育环境的不利因素，目前尚不清楚，仍需深入探讨。这一现象在其他鲆、鲽鱼类的苗种早期培育中极少见到。

5)条斑星鲽的受精卵中，也有一些卵子在卵胚的发育过程中，特别是发育到“多细胞期”、“囊胚期”或“原肠早期”时，卵胚的发育

中止而死亡，呈现出卵内原生质的聚集、卵黄球的炸裂等现象。归纳分析，这些劣质卵的出现，多为卵子在亲鱼卵巢发育时期，卵巢内外的卵黄蛋白物质的累积、融合、转化以及卵黄发育中"水合作用"的不完善性所导致，进而也反映出在亲鱼培育期中营养强化的不足和培育环境的不当。

2. 仔鱼的发育规律

条斑星鲽苗种产业化繁育中，对仔、稚、幼鱼的发育阶段的界定，以张孝威(1965)，徐恭昭(1988)，郑澄伟(1987)，吴光宗(1993)等学者对鲆、鲽鱼类的划分标准(形态学和生态学)综合分析为依据。

1)条斑星鲽的受精卵，在孵化水温 8.0℃～10.0℃，盐度 32 的条件下，卵胚发育经过 216 h(9 d)后仔鱼孵化出膜。初孵仔鱼的平均全长为 4.55 mm±0.55 mm，体长 3.92 mm±0.25 mm，卵黄囊长径为 2.27 mm，短径为 1.16 mm。前期仔鱼的发育需 9 d 完成，卵黄囊消失开口摄食。开口后的后期仔鱼 9～10 日龄(应界定为卵黄囊—后期仔鱼"yolk-sac larval stage")，培育环境为 11.50℃～14.00℃，盐度 32.00，pH8.2～8.4，光照度 800 lx，微充气，培育密度为 800～1000 尾/立方米，开口后仔鱼日投喂 5～6 次，水交换量为 1/3～1/2，前期仔鱼开口后的全长为 6.73 mm，体长 6.57 mm，仔鱼期的发育时间比较长。

2)条斑星鲽从仔鱼孵出至开口后期仔鱼的阶段完成为 0～9 日龄。该期对卵黄囊的吸收呈现出条斑星鲽自身种族的特殊性：在孵出仔鱼的 1～3 日龄时，仔鱼的卵黄囊膜与腹壁内膜紧密地贴附在一起，4 日龄以后卵黄囊膜与腹壁内膜逐渐分离开来，两膜间形成一个"空腔"。此时，仔鱼消化管的发育和分化在这一空间里得到发展，伴随仔鱼的生长和发育的加速，卵黄物质被利用吸收的速度加快，卵黄囊渐渐浓缩成一个卵黄囊球，其颜色变化由无色→浅黄色→黄色→金黄色→橙黄色。卵黄囊球的顶端或前端，所分布的枝状黑褐色素逐渐显现出来。卵黄囊球在仔鱼开口前仍隐约可见,随其仔鱼的开口,球消失殆尽。油球的分布位置多在肠的腹面,此时仔鱼胃的原基和肠分化出来,直肠显得粗短,卵黄囊的吸收和浓缩,与消化系统的分化、形成几乎同步进行。在连续镜检观测时,这一变化尤为明显。这一特殊的变化在其他鲆、鲽鱼类的早期发育中极为罕见,构成了该鱼自身的特殊性。

3)仔鱼开口摄食时,其吻的前端出现有一点状黑褐色素,该色素的出现构成了条斑星鲽仔鱼"开口期"的重要标志。该时期恰是仔鱼内外混合营养的转换时期,仔鱼的消化系统发育的不完善性与营养转换,以及仔鱼的生长发育速度加快,营养需求量增加之间的矛盾导致了"膨腹"苗种的出现。

4)通过对后期仔鱼的腹腔解剖观察,当仔鱼胃的发育完善时,胃的末端—幽门部发生向内上方扭转的现象,呈现出U形胃的雏形,而肠消化管发育粗壮,胃和肠的衔接处的幽门收缢也清晰可见,此时4个指状分离的幽门盲囊原基衍生出来,仔鱼的体长在7.0~9.0 mm。

5)条斑星鲽的色素细胞的出现与变化规律:在卵胚发育到胚体绕卵黄囊2/3时色素细胞开始形成和出现。色素形态比较单纯,但在生长发育过程中呈现出一系列的变化:色素细胞的形态,出现的顺序依次是点状——星状——星芒状——小花状——枝状和辐射型的扫帚状黑褐色色素细胞,到后期仔鱼发育时,出现有黄点状色素细胞,它们彼此间相互镶嵌。鱼体色素的分布也由稀疏到浓密(即扩散——集中——扩散),色素由鱼体的体前逐步向体后延伸,以及鱼体的背、腹缘逐渐向鳍基——鳍条——鳍膜的扩展分布规律,在仔鱼发育时期,苗种体色呈现出由浅到深的黑褐色调,而在稚鱼发育期,特别是苗体伏底"变态"发生后至"变态"完成时,色素不再集中而逐渐扩散,导致体色变浅,此期花状、枝状、扫帚状色素细胞逐渐消失,仅留有点状和星状的色素存在。稚鱼"变

态”完成后，体色色调为沙褐色。在色素集中的后期仔鱼末期，背鳍和臀鳍上的黑褐色条斑带，也伴随着色素细胞的浓密集中而呈现出来。色素细胞的形成、出现、扩散、集中、再扩散的变化过程，是在苗种生长发育中体内的甲状腺素、肾上腺素、脑垂体激素以及脑下腺分泌激素作用下发生的系列变化，这一变化实质是激素的累积过程，促进了苗种的生长、“变态”的发生和完成。

6）条斑星鲽苗种鳍的发生和形成规律：条斑星鲽的早期发育中，鳍的出现相对较早，但各鳍的分化与完善所持续的时间相对较长。从仔鱼孵出后 3 日龄的前期仔鱼开始到后期仔鱼的结束之前，历时需 34 d 左右。鳍的发生与形成规律是，在孵出后的 3 日龄前期仔鱼背鳍鳍膜的体前 1/3 首先出现增厚发生，随后增厚逐渐向体后伸展，与此同时，臀鳍鳍膜也出现增厚现象。但背、臀鳍膜在增厚的过程中没有“鳍褶”的现象。鳍膜的增厚实质是膜内原生质的沉积现象，当仔鱼开口摄食时，鳍膜的增厚达到最大程度。此时在鱼体的背缘和腹缘的表皮组织出现鳍担骨的原基，随着仔鱼的发育和生长，鳍担骨渐渐明显（镜检时，该区域常被体表所分布的花状和扫帚状黑褐色色素细胞所覆盖）。22～23 日龄的后期仔鱼，鳍担骨出现的数量和发育程度完善，顶端的鳍条原基也滋生出来，随后鳍条逐渐生长延长。条斑星鲽的背、臀鳍的发生、分化、生长和完善为同步进行，而尾鳍的形成略早于两者。尾鳍形成过程中，尾鳍膜下方的鳍膜部分首先出现增厚和辐射丝，进而发育成鳍条原基——鳍条，此时的脊索末端尾椎骨开始上翘，尾鳍下叶鳍条发育，随后尾鳍上叶的鳍条也逐渐形成。30～34 日龄时，仔鱼各鳍的发育均已完善，运动能力明显增强，仔鱼主动摄食，而且多分布或沉降在水域的中下层，仔鱼身体依然左右对称，发育健壮。左眼在 34 日龄时，出现有向颅顶移动上升的趋势，35 日龄时基本达到颅顶边缘，后期仔鱼的培育起始于开口（仔鱼全长 6.73 mm，体长 6.57 mm）后的 9～10 日龄，而结束于 34～35 日龄（仔鱼全长

12.65 mm,体长 11.75 mm),为期 24～25 d。后期仔鱼在生长发育过程中无冠状鳍条出现。这与大菱鲆和星斑川鲽相似,该时期体高/体长在 0.465～0.474 的范围内。

3.稚鱼的发育规律

为确保条斑星鲽苗种的“变态”顺利发生、进行和完成,在培育中对后期仔鱼重新进行布池和密度的调整,使其培育密度为 800～1000 尾/立方米,培育水温 14.0℃～15.5℃,盐度 32.00,水交换 1∶1～1∶2,饱食性投喂 4～5 次/日,光照度 500～800 lx,pH8.2～8.4。

35～36 日龄的苗种有 90%的个体开始贴壁伏底进入“变态”期,鱼体左眼开始上升,此时稚鱼平均全长为 16.50 mm±1.5 mm,平均体长为 14.25 mm±1.25 mm,体高/体长为 0.428±0.034,肛前距/体长为 0.408±0.014,稚鱼体色开始变浅,体表色素及背、臀鳍鳍基及鳍条色素分布依然浓密。随着稚鱼的“变态”深化,鱼体的体高/体长最终定格在 0.398±0.023,肛前距/体长也定值在0.403±0.035。仔鱼的体高不再增长,肛门向体前位移也达到定点。变态完成时的平均全长为 21.25 mm±2.25 mm,平均体长为 18.25 mm±1.25 mm,左眼已完全位移到鱼体的右侧,失去了身体原有的对称性。苗体在“变态”深化期时依然摄食,但活动量减少。左眼开始上升,逐渐越过颅顶向体右侧位移。体表沙褐色,稚鱼的变态需 10～11 d 完成。变态发生与完成的早晚,完全取决于后期仔鱼阶段的发育、营养强化和培育环境的适宜程度。

应该指出的是在条斑星鲽稚鱼的“变态”中,有的个体呈现出视神经扭转的“逆位”现象,即右眼向体左侧位移(即有眼侧为左侧个体)。苗种的产业化培育生产中,该个体的出现率在 1/10000～3/10000,这种类型的苗种“变态”的发生较正常苗种略晚一些,体长略大一些,完成“变态”时平均全长为 25.65 mm±1.85 mm,平

均体长为 20.00 mm±1.00 mm。

4.幼鱼的发育规律

“变态”完成后的幼鱼全长平均日增长率为 2.04%(前 4 d),以后将出现快速增长的趋势。条斑星鲽稚鱼“变态”完成(45~47 d)后,苗种开始进入幼鱼的生长发育阶段,仔鱼的体态、运动方式、摄食行为完全趋近于成体。在培育生产中,此期的苗种密度调整和分池管理则显得尤为重要。

5.条斑星鲽苗种培育中的生长变化规律

分析条斑星鲽苗种早期发育生长变化曲线图:条斑星鲽前期仔鱼的生长中(0~10 日龄),前 6 d 的生长速度相对较快,7~10 日龄时,由于卵黄营养物质的吸收减少,仔鱼的生长速度逐渐趋向于相对平缓的状态,仔鱼开口期前的 10 d 中,全长的平均日增长率为 5.58%。

仔鱼开口后(10~20 日龄),后期仔鱼的全长平均日增长率为 5.85%,仔鱼的生长速度明显快于前期,且呈现出平稳直线上升趋势,但在 20~22 日龄时,后期仔鱼的生长又呈现出平缓或停顿下降的变化,这一时期恰是后期仔鱼发育中胃的向内上方扭转呈 U 形胃的演变时期,幽门盲囊原基的分化也在该时期出现。后期仔鱼发育到 34 日龄时其全长的日增长率仅处在 2.65%的生长水平,后期仔鱼前 10 d 的全长平均日增长率明显大于后 10 d 的生长速度,显然,这一变化与后期仔鱼鳍的发生、分化、形成以及完善有关。另外与体高的增长速度加强、左眼视神经开始向颅顶边缘上升以及肛门的体前位移等系列的生理变化也有着直接的关系。

在稚鱼期的生长过程中(34~45 日龄时),由于后期仔鱼的发育趋近完善,此时苗种平均全长的日增长率为 5.81%,又呈现出快速增长的趋势。在稚鱼“变态”发生过程中,尽管“变态”深化进行,苗种发生着形态和生理的巨大变化,但依然具有旺盛的摄食欲望而不停食,这一现象与同一生态类型的星斑川鲽极为相似,但与牙鲆的"变态"深化期截然不同。进入幼鱼期后星斑川鲽的生长速度明显快于条斑星鲽的增长变化。

"变态"完成后的条斑星鲽幼鱼(45～47日龄,体长22.00 mm)的生长又进入了快速时期,苗种的成活率也有较大的提高。

条斑星鲽苗种培育中,明显出现3个"危险期",即9～10日龄、20～22日龄及28～30日龄,在这3个"危险期"发生前的2～3 d,仔鱼的生长变化均会出现相对平缓的增长态势。"危险期"的发生实质是由苗种个体发育中内在生理变化所导致。但出现的早晚和死亡率的高低,还与仔鱼培育中的饵料营养及培育环境有着直接的关系。

## 三、条斑星鲽消化系统早期发育组织学

对于鱼类消化系统早期发生的结构变化和功能完善的了解,可以为其早期的营养研究提供一些相关的组织基础资料。肖志忠等(2008)对条斑星鲽消化系统的早期发生进行了组织学研究,具体如下。

### 1. 口咽腔的发育过程

条斑星鲽的初孵仔鱼,口咽腔呈闭合状态。孵化后5日龄,口咽腔开通,但仅仅由单层上皮构成,细胞核中下位,尚未摄食。8日龄仔鱼消化道与外界完全接通,开始摄食,同时Meckel′s软骨出现,口器形成。低倍解剖镜下,即可在肠道中观察到单胞藻和轮虫。此时口咽腔仍由单层扁平上皮覆盖,后部可见初始鳃弓;咽腔零星分布黏液细胞。随着仔鱼的进一步发育,12日龄,口咽腔扁平上皮增加为复层上皮,初始鳃弓上开始分化出鳃丝,在鳃弓下方的鳃丝开始分化,咽腔后部散布的味蕾出现(图3-9A)。14～17日龄,上下颌齿从口器中凸显出来,同时咽腔分布的黏液细胞和味蕾进一步增多,同时临近鳃丝基部的鳃小片出现。29日龄,甲状腺滤泡的上皮细胞进一步增生、变高;同时在甲状腺滤泡的胶体周围

出现大量的空泡样空间，预示甲状腺作为内分泌器官在形态上的成熟，大部分鳃小片分化完好，其上可见泌氯细胞（图 3-9B）。

2. 食道的发育过程

初孵仔鱼，食道尚未与肠道连接，仅仅由单层立方上皮构成。5 日龄，随着卵黄囊的缩小，腹腔上部食道与消化管连接，同时食道上皮分化出很薄的肌肉层，黏膜层也由单层立方上皮变为多层结构，此时黏膜下层和浆膜层尚未分化。仔鱼开口时（8～9 日龄），食道前段已有黏膜层、黏膜下层、环肌层及浆膜层的分化，其中黏膜层形成 5～7 个低褶，在复层立方上皮中间排列有少量杯状细胞，黏膜下层与浆膜层不发达，环形肌肉层厚约 5 μm，在接近食道后段逐渐变薄并消失。14～17 日龄后期仔鱼食道前段黏液细胞变大、增多，平均达 48 个/平方毫米（图 3-9C）。食道环形肌肉层显著增厚，且浆膜层比开口期发达。食道前段具有 7 个纵行皱褶，随着纵行皱褶向食道后段延伸，其黏液细胞迅速减少而肌肉层逐渐增厚。其中食道的复层扁平上皮在接近胃前体处逐渐转变为单层立方上皮，并且其肌肉层变薄，同时横纹肌转化为平滑肌，黏液细胞消失。此后，随着仔鱼的发育，食道的组织构造变化不大，仅仅是黏液细胞数量上的增多、形态结构多样化、皱褶的加深及肌肉层的增厚（图 3-9D）。

3. 胃的发育过程

无论从形态上还是功能上来看，胃都是整个条斑星鲽消化道最后分化的部分，这一点符合有胃硬骨鱼类的发育模式。8 日龄仔鱼食道后段膨大部分（胃的原基）排列着单层矮柱状细胞，核中位，厚 13～26 μm，缺乏纹状缘和杯状细胞。14～17 日龄胃原基开始膨大、拉长，单层矮柱状细胞转化为高柱状上皮细胞，核由中位转变为中下位。浆膜层增厚，出现很薄的肌肉层。其中食道的复层扁平上皮在接近胃体出逐渐转变为单层立方上皮，并且其肌肉层变薄，同时横纹肌转化为平滑肌（图 3-9E）。29 日龄胃在形态上

从消化道中分化出来，胃的两端出现紧缢（即贲门括约肌和幽门括约肌的分化），使胃与食道及肠分界明显，此时在胃底部出现胃腺的（图 3-9F）。在胃肠连接的紧缢附近出现分化中幽门盲囊，其壁上分布有少量的杯状细胞（图 3-9G）。

35 日龄，胃底部出现胃腺原基，大部分胃腺的原基仍然为实心的细胞团，少量原基开始形成中空的管腔。胃体肌肉层较薄。

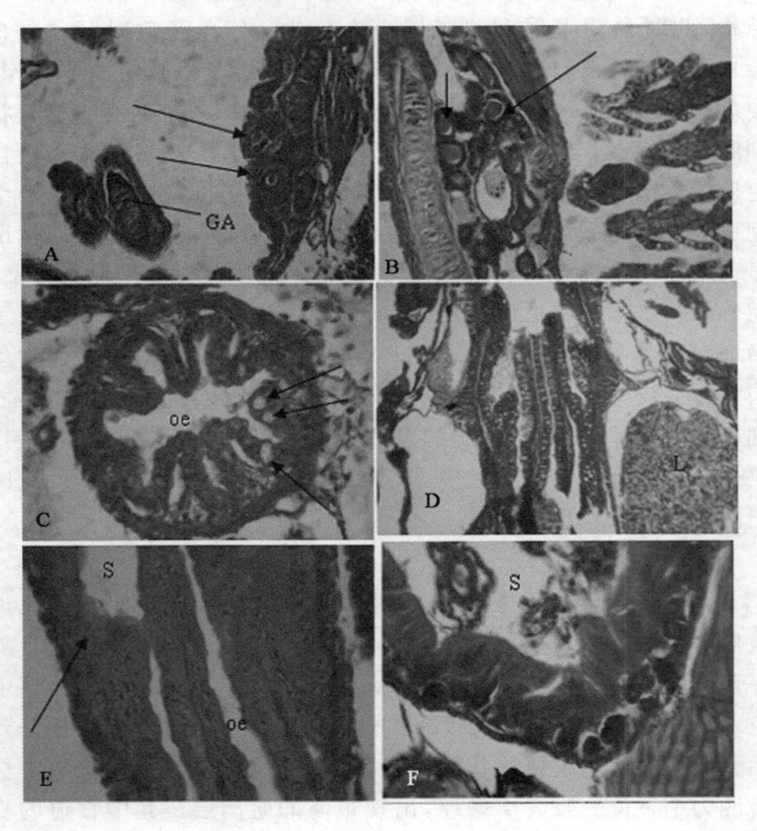

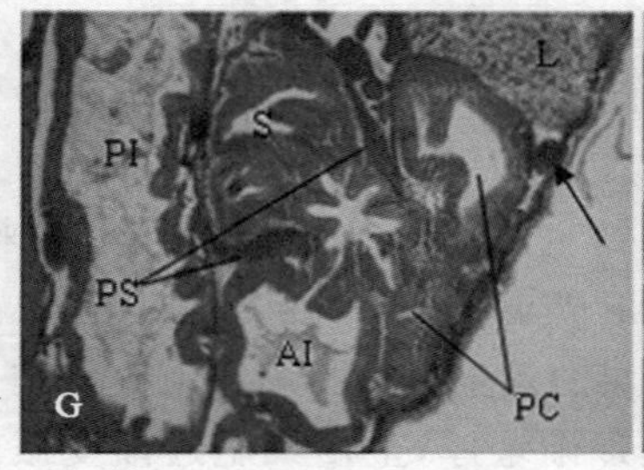


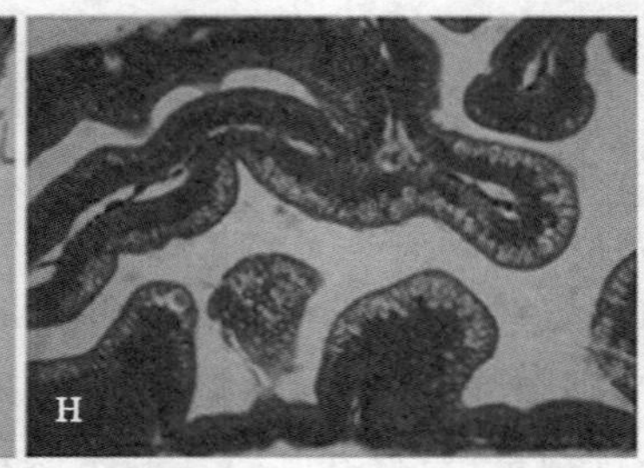


A：12 日龄仔鱼，纵切。示咽腔后部鳃弓的分化及味蕾的分布（箭头）×400

B：29 日龄稚鱼，纵切。示咽腔甲状腺滤泡的发育成熟（箭头）×400

C：17 日龄仔鱼，横切。示食道杯状细胞（箭头）、环形肌肉层及褶皱×400

D：35 日龄稚鱼，纵切。示食道大量杯状细胞×100

E：17 日龄仔鱼，纵切。示食道与胃前体间上皮细胞及肌肉层的变化（箭头）×400

F：29 日龄，稚鱼，纵切。示胃底部胃腺原基的形成（箭头）×400

G：35 日龄幼鱼，纵切。示分化中幽门盲囊及肠胃位置关系，箭头示弥散的胰脏×100

H：29 日龄，稚鱼，纵切。示直肠上皮杯状细胞和典型嗜伊红颗粒分布×100

AI：肠道前部（anterior intestine）；GA：鳃弓（gill arch）；L：肝脏（Liver）；oe：食道（Oesophagus）；PC：幽门盲囊（pyloric caecae）；PI：肠道后部（posterior intestine）；PS：幽门括约肌（pyloric sphincter）；S：胃（stomach）

**图 3-9　条斑星鲽消化系统发育图**

45～50 日龄：此时胃体形成大量的胃腺，除少量分布在贲门胃外，大部分集中于胃底部，而幽门胃完全缺乏胃腺。胃体肌肉层开始增厚，胃体结构已经接近成体。

4.肠的发育过程

初孵仔鱼肠道十分简单，尚未分化，为直管状。8～9 日龄仔鱼的小肠壁由单层柱状细胞组成，上皮细胞高 11～13 μm，核上位，顶端形成很薄的纹状缘。此时，直肠已经从肠道中分化出来，靠近肠道和直肠的肠管部分开始形成皱褶。小肠黏膜外仅由单层扁平细胞的浆膜层覆盖而无肌肉层的发生。直肠黏膜上皮细胞柱状，排列紧密，接近肛门处的浆膜逐渐增厚，上皮细胞逐渐变矮最终变为复层扁平上皮。此时小肠和直肠皆无杯状细胞发生。

12～17 日龄，胃肠的交接处形成微小紧缢，肠道分化前肠和中肠，形成第一个弯曲。前肠具 6～8 个褶，细胞顶端平钝，开始形成纹状缘，可见上皮细胞间少量杯状细胞的零星分布。中肠杯状细胞相对前肠要密集，直肠上皮细胞胞质内出现少量弱嗜伊红颗粒。部分仔鱼卵黄囊仍然存在。29 日龄前肠 10～12 个钝褶，细胞顶端稍平整，中肠具 7～9 个低褶，更钝。直肠的柱状上皮细胞胞质内出现大量强嗜伊红颗粒(图 3-9H)，前肠杯状细胞仍然很少，小肠后段和直肠内的杯状细胞开始增多。

34～36 日龄稚鱼肠道进一步分化、增生。前肠皱褶相对增多、变高，纹状缘排列整齐，但杯状细胞仍然很少。中肠至后肠肠壁逐渐变薄、皱褶减少且纹状缘排列混杂。直肠上皮胞质内的嗜伊红颗粒更加明显。55～60 日龄幼鱼的小肠结构与成体类似，前肠皱褶更加密集，整齐的排列，形成小肠所独有的特殊的形态结构。前中肠杯状细胞较稚鱼期增多。直肠上皮内嗜伊红颗粒消失。

5.消化腺的发育过程

3 日龄仔鱼，消化道背面后方，卵黄囊的上方两簇细胞团为肝脏和胰脏的原基。

(1)肝脏发育：开口时(8～9 日龄)，肝脏由于吸收储存了卵黄囊的营养物质而初显功能，在卵黄囊的周围的大部分间充质细胞

分化形成肝细胞团，细胞核和细胞质界线较明显，但是仍然有少数未分化的间充质细胞，染色较深，核大（图 3-10A）。

14 日龄，肝细胞开始初步空泡化，预示对营养物质的吸收，此时肝细胞不规则，细胞核大，圆形，核仁清晰，也无明显的索状排列(图 3-10C)。

29 日龄，随着仔鱼的消化和吸收能力的增强，肝体积进一步增大，肝细胞变小，肝细胞空泡化程度加大，大部分细胞质为储存营养物质的颗粒或空泡，而细胞核被挤到周边的位置（图 3-10G)；同时，肝脏实质内出现大量空腔，为肝血窦，肝血窦彼此相连(图 3-10E)，内含少量幼稚的血细胞，相邻的肝细胞间形成胆小管(图 3-10G)。肝脏的中央静脉内含有少量淋巴细胞，预示来自免疫器官脾脏的淋巴细胞已经淋巴化(图 3-10F)。此后，肝实质一直维持较密的结构，肝组织结构已经类似成鱼。

(2)胰脏和胆囊的发育过程：开口时(8～9 日龄)，胰腺细胞团已积聚形成胰脏，胰腺细胞椭圆形，核大，由于染色深，不明显，细胞质部分染成粉红色，为酶原颗粒。可见并行的胆管和胰管分别开口于肠的前部，胰脏近前肠后侧可见管状胆囊(图 3-10B)。

14 日龄，胰腺的主体仍然在肝脏腹部和前肠之间，但此时胰脏细胞已经在消化腔内多处分布，除部分包裹脾脏外，其他如胃肠之间的系膜、中后肠系膜，以及胆管系膜等处亦有分布。酶原颗粒进一步增多，胰腺细胞排列整齐，间隙不大，小叶亦不明显，胰脏内无结缔组织发生(图 3-10D)。

29 日龄，胰腺酶原颗粒大量增生，间隙增大(图 3-10H)。胰脏静脉血管明显，并通向肝脏，内有少量红细胞（图 3-10I)，在胰脏组织中分化出内分泌部(胰岛，island of Langerhan)，与胰脏外分泌部之间由结缔组织分隔开，胰脏包裹的胆管中红色颗粒物质为胆汁的晶体(图 3-10J)。

45 日龄，部分胰脏随肝门静脉入肝的浅层实质形成肝胰脏，亦有少量随脾脏中央动脉入脾脏形成脾胰脏。此后，胰脏只是体积的增大，分布上更加弥散，形态和结构类似于成鱼。

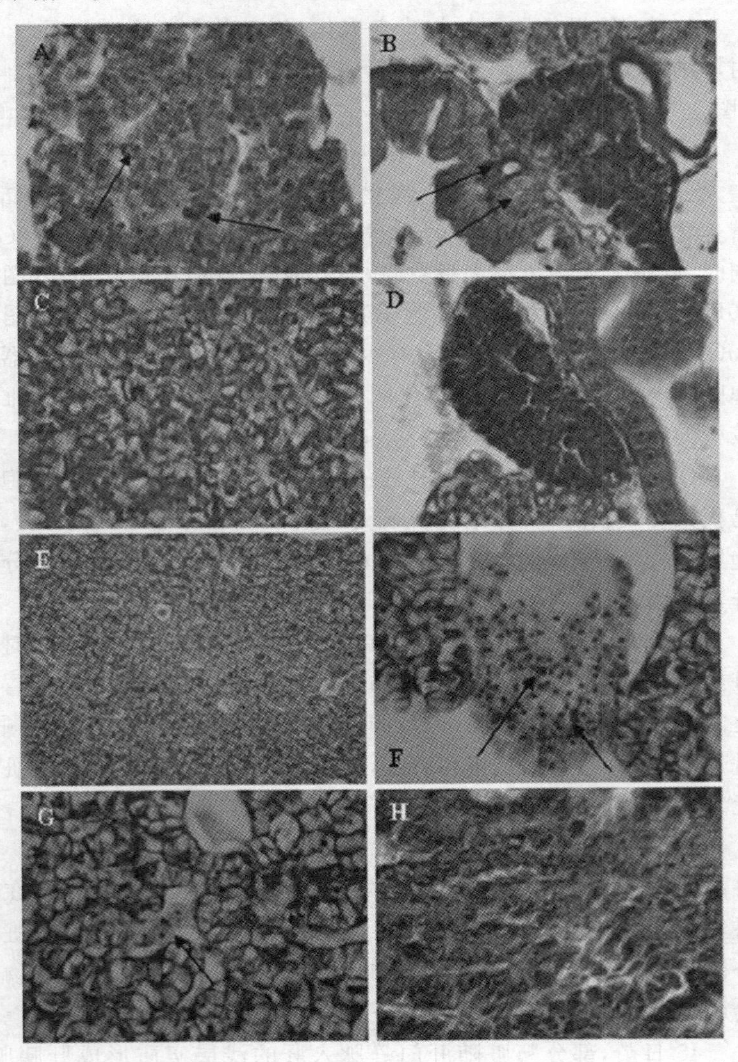

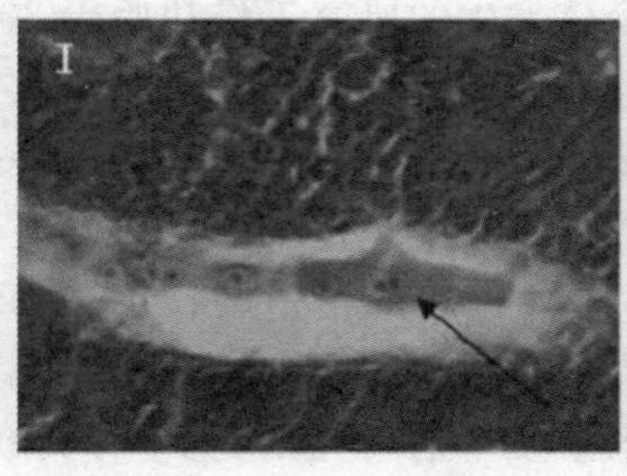

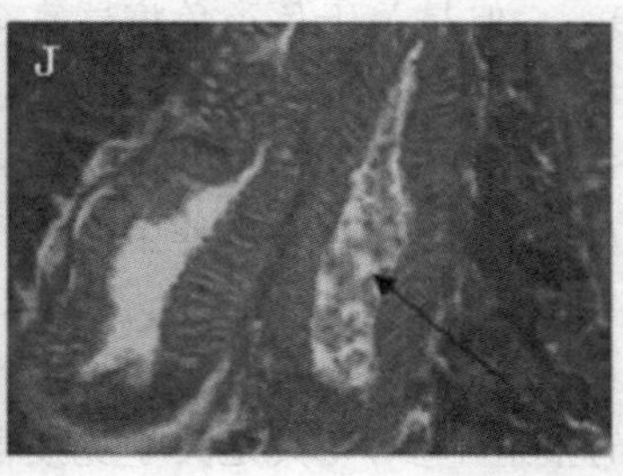


A:8 d,肝脏,箭头示未分化的肝细胞
B:8 d,胰脏,箭头示分化的胰管和胆总管
C:17 d,肝脏,初步空泡化的肝细胞
D:17 d,胰脏,胰脏主体的位置以及间隙的形成
E:29 d,肝脏,示大量肝血窦的出现
F:29 d,肝脏中央静脉,箭头示来自脾脏的淋巴细胞
G:29 d,空泡化的肝细胞,箭头示肝血窦内的幼稚红细胞
H:29 d,胰脏,酶原颗粒的增多
I:29 d,胰脏静脉血细胞分布
J:29 d,胰脏,胆管中为胆汁的晶体

**图 3-10　条斑星鲽肝胰脏系统发育图**

## 四、条斑星鲽免疫器官早期发育组织学

鱼类免疫系统是机体识别和消除“异物”的防卫系统,是鱼类防止病原入侵的第一防线,参与鱼类免疫应答的免疫器官主要是胸腺、肾脏(尤其是头肾)、脾脏。它们是鱼类免疫细胞(主要是T细胞和B细胞)产生、分化、成熟和增殖的主要场所。因此,研究鱼体的淋巴器官个体发生,是深入认识鱼体免疫活性何时建立的基础,同时也对鱼类健康养殖的苗种生产有着重要的指导意义。

对鱼类免疫学的研究可追溯到1903年,Riegler等首先发现一种叫丁鳗(*tina valgaris*)的鱼可产生凝集抗体(李亚南等,

1995)。但是关于鱼类免疫器官个体发生的研究工作却始于20世纪80年代,早期的大部分工作主要集中于淡水鱼类(Grace等,1980; Botham 等, 1981; Razquin 等, 1990; Fishelson 等,1995)。而后随着海水养殖业的兴起及鱼类免疫学的迅速发展,关于海水鱼类免疫器官发生的研究工作也相继报道(Bly等,1985; Nakanishi 等,1991; Watts 等,2003)。国内有关鱼类免疫学研究的报道不多,尤其是关于免疫器官发生的研究则更少,有文献报道的仅仅包括鲇鱼(钟明超和黄浙,1995)、斜带石斑鱼(吴金英和林浩然,2003)以及大黄鱼(徐晓津等,2007)。

条斑星鲽苗种培育生产过程中,早期发育过程中的仔稚幼鱼的畸形率和死亡率很高,造成苗种生产不稳定,生产成本升高,严重制约了条斑星鲽养殖业的发展。因此,对条斑星鲽免疫学的研究显得尤为重要,关于条斑星鲽免疫器官个体发生的研究国内外尚未见报道,而鲆鲽鱼类相关的报道仅见对牙鲆(Chantanachookhin 等,1991; Liu 等,2004)和大菱鲆(Padros 等,1996)的研究。通过对条斑星鲽免疫器官个体发育进行研究,提供其早期发育的组织形态学资料,同时了解作为冷温性底层鱼类的条斑星鲽其免疫器官原基出现顺序和免疫器官淋巴化的顺序的特点,从而为条斑星鲽早期发育阶段疾病的免疫防治研究提供参考。

1.肾脏的发生

肾脏是条斑星鲽仔鱼最先形成的淋巴器官。孵化后1日龄仔鱼的肾脏由一对简单的直管构成。3日龄肾脏延伸,从口咽腔背部沿脊椎直到躯干后部,开口于肛门。7日龄肾管的前部分化成前肾管,在前肾管之间可见未分化的干细胞,这些干细胞较管壁细胞大而圆,核明显。12日龄,前肾管进一步分化出许多前肾小管,在前肾小管间的淋巴母细胞进一步增多(图3-11A)。21日龄,处于头肾位置的前肾小管较多,细胞数量相对增多,细胞变小,可见淋巴细胞的生成。此时标志着头肾淋巴化的开始。29日龄,头肾

进一步增大，前肾小管间及周边出现数量较多、染色较深的小淋巴细胞，心脏中循环的血液中亦有相当数量的淋巴细胞的分布。35日龄，前肾小管甚发达，前肾管间组织分布大量的淋巴细胞和血细胞。

45日龄，前肾小管集中于头肾的中部区域，数量明显减少。肾间组织进一步淋巴化，形成中央动脉，动脉间可见大量的血细胞。血管周围出现黑色素巨噬细胞中心(melano-macrophage centers, MMCs)。此时主要以分散的形式存在，细胞数量不一，排列松散，在黑色素巨噬细胞群周围没有上皮细胞围绕。而此时与体肾结构上的差别是：体肾的肾小管仍然十分发达，且门静脉充斥着大量的血细胞(图3-11B)。55日龄，条斑星鲽头肾的MMCs以散在分布和聚集成团两种形式存在(图3-11C)。其中聚集成团者的特征是：中心呈球形，内含少量的淋巴细胞和大量的黑色素细胞。此时前肾小管，结构退化，此后头肾逐渐失去分泌和排泄的功能，成为真正意义上免疫器官。而体肾作为排泄器官，一直保留大量的肾小管，同时维持一定数量的淋巴细胞，说明其在机体的免疫上也具有一定的功能。

2.胸腺的发生

12日龄条斑星鲽仔鱼，胸腺原基出现，位于鳃盖与背肌交接的背上角处，为两侧对称的一对实质性器官。胸腺由一层扁平上皮与鳃腔分离。胸腺由未分化的嗜碱性淋巴母细胞组成，染色较深，此时胸腺与头肾靠拢(图3-11D)。17日龄仔鱼，胸腺无内区(髓质)和外区(皮质)之分。形态变化不明显，仅仅是淋巴母细胞变小，结构紧密。29日龄仔鱼的胸腺出现血管，中间可见血细胞的存在，淋巴母细胞进一步变小、增多。与头肾相比，其小淋巴细胞体积相对较大，染色较浅，数量较少(图3-11E)。

35日龄，胸腺由一层分泌样上皮包裹，可见其上分泌细胞的存在，此时胸腺分为内区和外区，但不明显(图3-11F)。内区染色

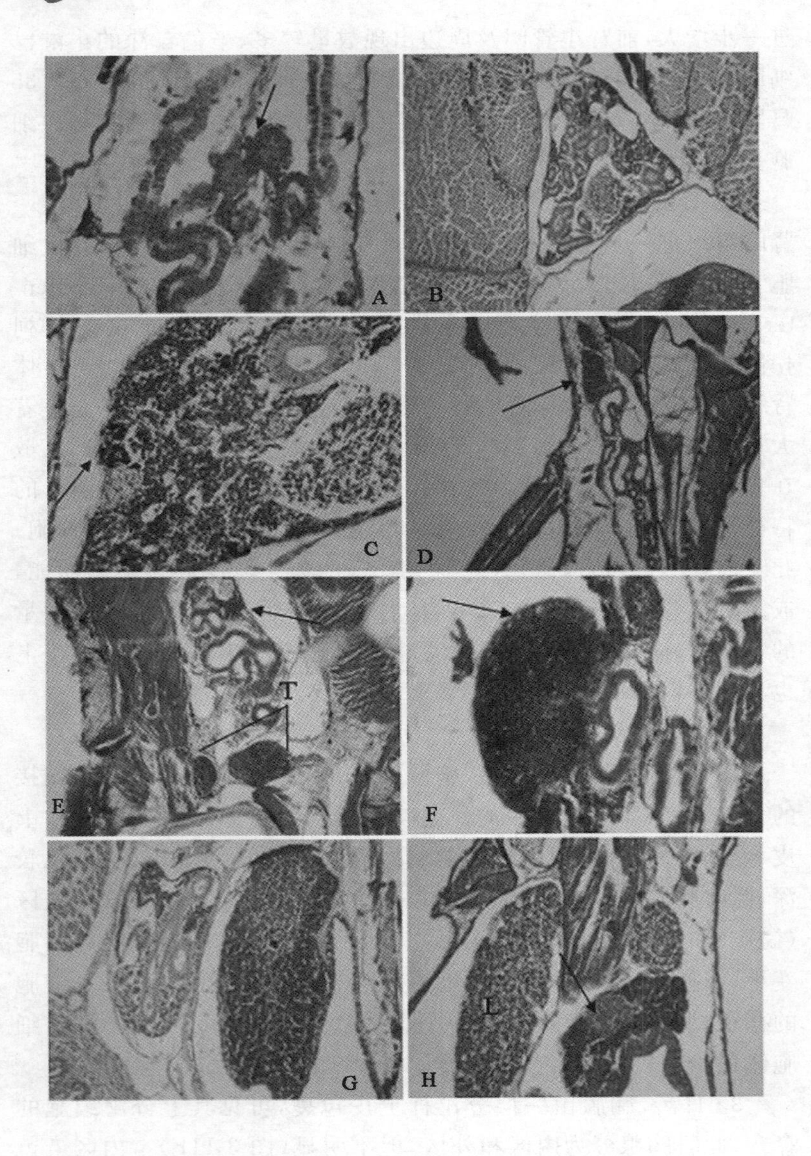
A
B
C
D
T
E
F
L
G
H

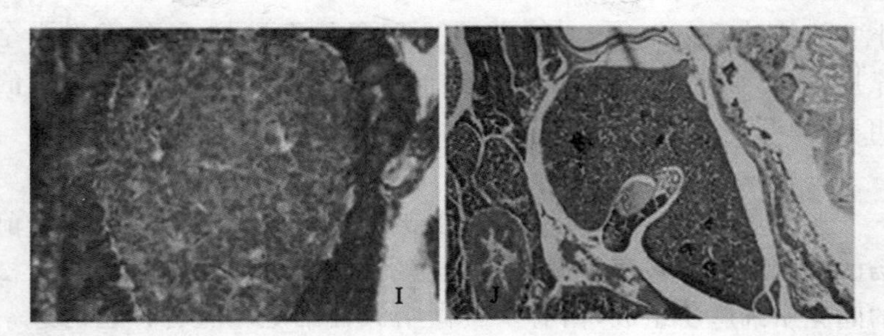


A:7 日龄仔鱼,示头肾未分化的干细胞(箭头)及前肾小管 ×400

B:12 日龄仔鱼,示胸腺原基(箭头)及与头肾的位置关系 ×100

C:45 日龄幼鱼,示明显分区的胸腺(MMCs 出现)及与头肾的位置关系 ×100

D:45 日龄幼鱼,示体肾的结构。仍然发达的体肾管区别于头肾 ×100

E:55 日龄幼鱼,示头肾中 MMCs (箭头)及散布的含黑色素巨噬细胞 ×400

F:29 日龄仔鱼,示成对胸腺(T),胸腺淋巴母细胞及其间的成肌细胞,已部分淋巴化的头肾组织(箭头) ×100

G:35 日龄稚鱼,头肾发达的前肾小管及头肾和胸腺的位置关系。淋巴化的胸腺典型结构及黏膜分泌样细胞(箭头) ×100

H:12 日龄仔鱼,示脾脏(箭头)在消化道中的位置及周边的胰脏 (L:肝脏) ×100

I:35 日龄稚鱼,示脾脏大量红细胞生成 ×400

J:55 日龄幼鱼,示脾脏形态、中央血管及黑色素巨噬细胞中心分布 ×100

**图 3-11　条斑星鲽免疫器官发育图**

浅,淋巴细胞分布稀疏,且有大量毛细血管渗入其中,富含红细胞。外区染色深,淋巴细胞分布密集,结缔组织不发达,血细胞含量少,在髓质和皮质交界处出现色素含有细胞。45 日龄,胸腺进一步增大,内区(髓质)和外区(皮质)分区明显(图 3-11G)。55 日龄,此时幼鱼的胸腺与成鱼相似,外区和内区的淋巴细胞分布更加密集,结缔组织发达,网状细胞形成大量间隔将胸腺分割成许多胸腺小叶,小叶间的髓质相通。此时胸腺和头肾仍然靠拢，但始终没有完全靠拢，亦无细胞迁移的迹象，胸腺形成 MMCs 不如头肾和脾脏的明显。

3.脾脏的发生

条斑星鲽仔鱼孵化后 7 日龄出现脾脏原基。脾脏原基位于前肠的肠壁背侧并被部分胰腺组织包围，椭圆形。此时脾脏由疏松的间充质细胞所组成，内有少量微嗜碱性细胞。随着仔鱼的进一步发育，脾脏增大，同时向消化腔的腹部移动，12 日龄移至靠近食道后段与前肠交界处，仍然由胰脏包裹(图 3-11H)。14 日龄，微嗜碱性细胞增多，同时出现少量红细胞。29 日龄，微血管形成，红细胞数量迅速增多。35 日龄，脾脏中仍然以红细胞为主，微血管发达，形成原始的脾窦，可见少量分散的淋巴细胞(图 3-11I)。45 日龄，脾脏内网状细胞形成椭圆体，脾窦间分散着含黑色素的巨噬细胞，此时网状内皮系统已十分发达。55 日龄脾脏的结构与成鱼类似，在脾窦附近可见大量 MMCs 形成(图 3-11J)。

关于硬骨鱼类免疫器官的研究大部分基于解剖和组织学观察个体发生研究结果表明：海水鱼类在免疫器官原基的出现顺序上与淡水鱼类有所不同，海水鱼类在免疫器官原基的出现顺序为头肾、脾脏和胸腺，如牙鲆、真鲷(Chantanachookhin 等，1991)等。淡水鱼类免疫器官原基的出现顺序为胸腺、头肾和脾脏，如虹鳟、鲤鱼(Grace and Manning，1980；Botham and Manning，1981)等；而在免疫器官淋巴化的顺序上，大部分海水鱼类和淡水鱼类是一致的，皆为胸腺、头肾和脾脏(吴金英和林浩然，2003)。

实验研究结果表明：条斑星鲽免疫器官原基出现的先后顺序为肾脏、脾脏和胸腺，与其他大部分海水硬骨鱼类是相同的；但是条斑星鲽免疫器官淋巴化的顺序却较为特殊，首先淋巴化的免疫器官是头肾(21 日龄)，29 日龄条斑星鲽稚鱼的胸腺才出现少量的小淋巴细胞。头肾明显早于胸腺，而最后为脾脏。1989 年 O'Neill

对南极镰鱼(*Harpagifer antarcticus*)的研究发现:头肾在孵化后一天既出现淋巴细胞,而胸腺则在28日龄后出现淋巴细胞,头肾也是首先淋巴化的免疫器官(O'Neill, 1989)。与此类似的还包括大西洋鳕鱼(*Gadus morhua*),其头肾和脾脏在孵化时就成为淋巴器官,而胸腺的淋巴化却发生在9 mm仔鱼期(Schroder等,1998)。大西洋鳕鱼属于冷水性鱼类,其早期发育水温为8℃～10℃,条斑星鲽为冷温性底层鱼类,前期培育水温相对较低(本实验鱼卵孵化温度为8℃～10℃,仔鱼的培育水温为13℃～15℃),由此看来,O'Neill将这种特性解释为鱼类对冷水域环境的适应,似乎有一定道理,但是关于温度影响不同免疫器官发生的机制,还需要深入研究。

MMCs是遍布于真骨鱼类造血器官如肾脏、脾脏,而在软骨鱼类和原始的真骨鱼类中则主要分布于肝脏中的一种结构(Agius and Roberts, 1981),但没有报道在胸腺中发现此类结构。Agius (1979)报道MMCs有贮藏铁血黄素的作用。Herraez和Zapata (1986)观察到红细胞和颗粒细胞的碎片常位于黑MMCs内,认为它与红细胞的正常凋亡有关。45日龄的条斑星鲽胸腺、头肾和脾脏均开始形成MMCs,但是数量及形态差异明显。其中以脾脏形成MMCs最为丰富,形态多样,其次为头肾,胸腺MMCs数量最少,黑色素的含量也最少。

Chantanachookhin的实验表明:牙鲆和真鲷幼鱼期出现的MMCs,肾脏比脾脏丰富,且胸腺中没有出现MMCs(Chantanachookhin等, 1991)。MMCs在淋巴器官发育过程中出现的较晚,一般在鱼类幼鱼阶段,淋巴器官发育成熟后,然而也有的出现的较早,如鲑鳟鱼仔鱼开口摄食时就出现MMCs (Agius and Roberts, 1981)。为何条斑星鲽MMCs也会出现在胸腺中,是否仍然是一种对低温适应的现象?MMCs在不同鱼类的不同免疫器官的差异分布,以及在不同时期其具体形态的变化,究竟预示着什么?它在鱼类免疫系统进化的过程中究竟起到什么作用？这些都亟待进一步研究。

在条斑星鲽个体发育的过程中，胸腺一直维持与鳃腔和咽腔的浅表关系，有利于在抗口腔和抗鳃感染中发挥防御作用（吴金英和林浩然，2003）。胸腺原基出现后，与头肾组织靠拢，同时也观察到细胞桥的存在。但是其靠拢的程度和细胞桥不如大西洋庸鲽（*Hippoglossus hippoglossus*）的明显（Josefsson and Tatner，1993）；细胞迁移数量也很少，同时也无法确认细胞迁移的方向性，此结果与在牙鲆中发现的情况类似（Liu 等，2004）。而 Jósefsson 和 Tatner 报道大西洋王鲷（*Sparus auratus*）胸腺和头肾之间有细胞桥，在发育的过程中胸腺与头肾靠拢，并与头肾相连，伴有明显的细胞迁移。因此 Jósefsson 等认为头肾的淋巴细胞是从胸腺迁移来的。此与本实验结果不尽相同（Josefsson and Tatner，1993；Bowden 等，2005）。

条斑星鲽苗种培育中，明显出现 3 个"危险期"，为 9～10 日龄、20～22 日龄及 28～30 日龄，在这 3 个"危险期"发生前的 2～3 d，仔鱼的生长变化均会出现相对平缓的增长态势，"危险期"的发生与苗种个体发育中内在生理变化是相关联的。通过形态观察及组织学，9～10 日龄为条斑星鲽仔鱼的开口期，20～22 日龄为幽门盲囊原基出现的时期，而 28～30 日龄为内部胃腺形成和变态时期。但出现的早晚和死亡率的高低，还与仔鱼培育中的遗传特性、饵料营养及培育环境（如温度）关系密切。

## 五、苗种的饵料

1. 饵料应用

饵料的应用价值，是直接影响苗种存活率的重要原因之一。在苗种开口摄食后的生长发育过程中，需要从外界摄入大量的高度不饱和脂肪酸（HUFA）物质，特别是 20 碳和 22 碳高度不饱和

脂肪酸(EPA 和 DHA),两者在鱼体的不饱和脂肪酸含量中分别为 8.5%和 16.0%。EPA 和 DHA 在苗种的发育中直接参与了鳔的发生和形成,肝脏的形成与分化,幽门盲囊的发生、分化与形成,以及亲鱼的生殖产卵和卵的卵黄蛋白物质的累积过程。因此,苗种培育时,对生物饵料的选择和乳化——强化培育,则是重要的技术举措。然而,这一技术的实施,应从前期仔鱼即将孵化出膜时着手进行。

1)"绿水"(Green Water)的添加量($1\times10^4\sim2\times10^4$ mL/m$^3$,$3\times10^6\sim5\times10^6$ cell/mL),即小球藻(*Chlorella* sp.)或日本小球藻(*Chlorella saccharophila*),或微绿球藻(*Nonnochloris oculata*)藻液。从理论上看"绿水"作用在于:首先是作为营养源,直接供给仔鱼营养,或通过轮虫等生物饵料的富集或载体作用间接为仔鱼传递营养物质。微藻还可以通过提供微量营养元素在仔鱼摄食行为的建立、调节以及消化生理的刺激等方面发挥作用。除营养作用外,添加微藻还具有改善水质、增加水体混浊度和光对比度的作用,从而提高食饵的背景反差,增加海水仔鱼的摄食率。最近研究发现:微藻也可以调节养殖水体以及仔鱼肠道的微生态系统,维持水体及仔鱼肠道的菌群平衡,进而减少病原菌的爆发而起到益生作用(于道德等,2010)。

微藻添加在孵化和培育用水体中,可进行光合作用释放出氧,以补充和提高因卵胚和仔鱼代谢所导致的水中溶氧量的耗损;可充分吸收利用水体中的有机代谢物质和矿物质;可调节培育水体的光照强度和 pH 值;可解决因苗种个体间的发育差异性和开口期的不同步性,对生物饵料——轮虫的摄取早晚的差别的问题,而保持接种的轮虫在水体中有较长时间的存在。同时,小球藻将自身所富含的 EPA(35.2%)和 DHA(8.7%)转移给轮虫,使其成为"载体",供开口仔鱼摄取,以保证开口仔鱼的最大存活率。"绿水"的添加时间,从前期仔鱼孵化出膜一直到后期仔鱼开口后的 5~7

d为止(共20 d左右)。

2)“轮虫”:褶皱臂尾轮虫(*Brachionus plicatilis* O. F. Muller)的乳化——强化技术。作为条斑星鲽开口仔鱼的生物饵料——轮虫,其EPA和DHA等营养物质含量很低。为了提高开口仔鱼的存活率与加速后期仔鱼的发育和生长,轮虫的乳化和强化是非常重要的,以此来增加EPA和DHA的含量,提高轮虫的营养价值。实验中,采用深海鱼油($9\times10^4\sim10\times10^4$乳化3亿~10亿个轮虫/立方米)乳化12 h后EPA含量可提高到27.0%,乳化6~8 h时EPA含量可提高12.0%,或卵磷脂($2\times10^4\sim3\times10^4$乳化12 h),或康克A(100万个轮虫用量0.16~0.20 g乳化12 h),或康克A(0.16~0.20 g乳化12 h)+强化鱼油($5\times10^4\sim7\times10^4$,6 h)。乳化后再将轮虫放入1000万cell/mL小球藻液中强化6~8 h,即可投喂开口仔鱼和后期仔鱼。轮虫投喂量应保持10~15个虫体/毫升,5~6次/日。投喂期从前期仔鱼8~9日龄开始直至后期仔鱼15~20 d止,总计20~25 d。

3)卤虫初孵无节幼体。卤虫初孵无节幼体,在海水鱼类苗种培育中普遍应用。卤虫的无节幼体具有较丰富的EPA(19.1%)和DHA(0.5%),为再次提高其营养物质的含量实施乳化强化技术:10万个幼体以0.1~0.2 g康克A乳化,或康克A+强化鱼油合用。使用时以20 g康克A加1 L海水的比例搅匀后,再用200目筛绢过滤后乳化卤虫。6 h后便可投喂后期仔鱼。投喂期间从仔鱼开口后的第10 d开始,与轮虫混合投喂,轮虫比卤虫无节幼体为3∶1,视仔鱼摄食情况加减卤虫含量。直到稚鱼变态完成为止,总计30~35 d,投喂密度应保持水体中有10~25个幼体/毫升,4~5次/日。

4)配合饵料的应用。后期仔鱼的生长发育速度较快,体内所需的EPA和DHA以及矿物质、维生素有所增加,仅仅依靠轮虫和卤虫的乳化强化难以满足需求,特别是苗种出池后也面临着饵

料的转化过程。为降低生产成本，缩短饵料转换过程，在后期仔鱼发育到30～35 d时可适当投喂人工微粒配合饵料。在投喂时可采用与卤虫幼体间隔投喂的方法。日投喂1～2次。以此来驯化苗种对配合饵料的摄食和转换。常用的配合饵料为“日清B1”、“升索育苗专用微粒子S5”微颗粒饲料。依苗种的摄食状况而逐渐加大微饵的粒径和投喂量。但应注意的是配合饲料的应用应加大水交换量1∶2～1∶3和清底1次/日，以保持培育用水的清新，降低氨氮的含量。

5)天然生物饵料的补充应用。条斑星鲽苗种产业化培育中，如有虾池或池塘设施，可充分利用空闲的虾池或池塘，经清淤、消毒、除害、注水、肥水、接藻后，使虾池自然繁殖浮游性生物饵料(如挠足类等)。用200目筛绢制成的锥形浮游生物网拖取天然生物饵料，经过滤、消毒、清洗后投喂稚鱼和幼鱼，而且挠足类等DHA和牛黄酸等的含量非常高，这样将会提高苗种的存活率和生长率。

**表3-4　条斑星鲽苗种常规培育管理**

| 日龄(d) | 全长(mm) | 换水率(%) | 发育期 | 日投喂次数 | 微饵(μm) | 密度(尾/立方米) | 水温(℃) |
|---|---|---|---|---|---|---|---|
| 0～5 | 4.05～6.23 | 0 | 仔前期 | / | / | 2 000 | 8.0 |
| 6～10 | 6.27～6.31 | 10～15 | 仔前期 | 6～5 | / | 2 000 | 8.0～9.0 |
| 10～20 | 6.31～10.00 | 20～50 | 仔后期 | 6～5 | / | 1 500～2 000 | 9.0 |
| 20～30 | 10.00～12.50 | 60～100 | 仔后期 | 5 | S1,A1 | 1 500 | 9.0～10.5 |
| 30～40 | 12.50～20.50 | 100～200 | 仔后期～稚鱼 | 5～4 | S2,A2 | 1 000～1 500 | 11.0 |
| 40～50 | 20.50～23.00 | 200～300 | 稚～幼鱼 | 5～4 | S2～3,A2,B1 | 1 000～1 200 | 11.0～13.0 |

续表

| 日龄(d) | 全长(mm) | 换水率(%) | 发育期 | 日投喂次数 | 微饵(μm) | 密度(尾/立方米) | 水温(℃) |
|---|---|---|---|---|---|---|---|
| ≥50 | 23.00～35.00 | 300～400 | 幼鱼 | 4 | S3～4,B1～2 | 1 000～1 200 | 14.0～15.0 |

* 1)为保证苗种"变态"的发生和深化顺利进行,培育密度应控制在1 000～1 200尾/立方米;

* 2)人工配合微饵投喂时,应注意保持水的清新和交换(1次/日清底)。

**表3-5　条斑星鲽苗种培育中的饵料转换**

| 日龄(d) | 0 | 5 | 10 | 15 | 20 | 25 | 30 | 35 | 40 | 45 | 50 |
|---|---|---|---|---|---|---|---|---|---|---|---|
| 全长(mm) | 4.05 | 6.23 | 6.38 | 7.50 | 10.00 | 10.50 | 12.50 | 14.50 | 21.00 | 21.25 | 23.25 |
| 轮虫 | 投喂:9～15 d:10～15虫体/毫升,5～6次/日;15～30 d:15～20虫体/毫升,4～5次/日 | | | | | | | | | | |
| 卤虫幼体 | 投喂:20～25 d:5～10幼虫/毫升,5～4次/日;25～40 d:10～20幼虫/毫升,4～3次/日;35～45 d:20幼虫/毫升,3次/日 | | | | | | | | | | |
| 配合饲料 | 投喂:23～33 d:S1,A1 5%～10%,4次/日;33～40 d:S1,A1 15%～25%,4次/日;40～50 d:S2～3,A2,B1 30%～40%,3次/日 | | | | | | | | | | |

**表3-6　条斑星鲽体重与体长关系**

| 仔鱼孵化时间 | 日龄(d) | 体长(mm) | 体重(g) |
|---|---|---|---|
| 2007.3.1 | 80 | 45 | 1.45 |
| 2007.3.15 | 65 | 38 | 0.76 |
| 2007.3.18 | 60 | 37 | 0.72 |
| 2007.3.26 | 50 | 27 | 0.34 |
| 2007.4.3 | 45 | 19 | 0.13 |

6)条斑星鲽苗种培育技术路线图(图3-12)。

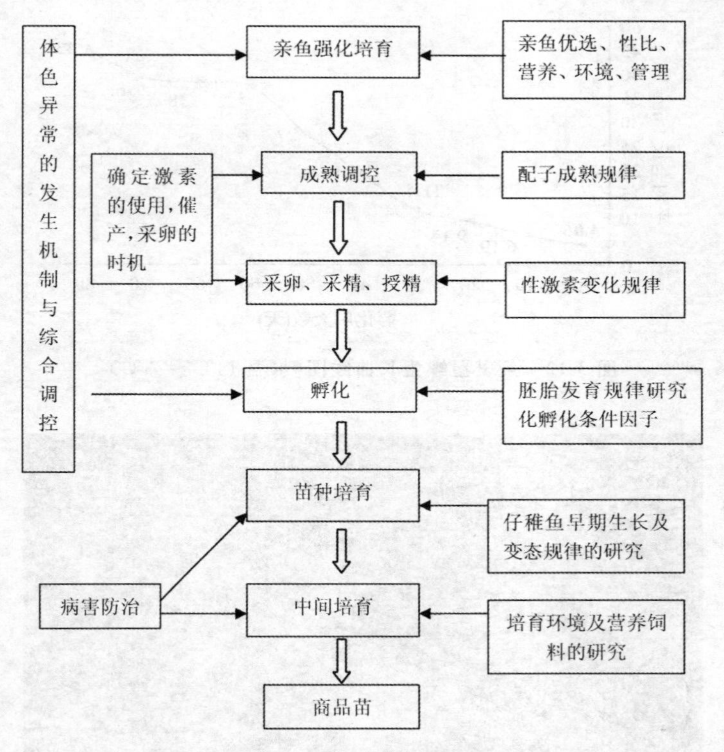


**图 3-12　苗种培育技术路线图**

**表 3-7　条斑星鲽孵化后的天数与各阶段鱼苗全长的关系**

| 孵化后天数(d) | 平均全长(mm) | 全长范围(mm) |
|---|---|---|
| 0 | 4.06±0.078 | 3.87～4.20 |
| 10 | 6.19±0.14 | 5.82～6.37 |
| 20 | 9.14±0.25 | 8.63～9.78 |
| 30 | 11.40±0.48 | 10.70～12.30 |
| 50 | 27.58±1.87 | 26.10～28.60 |
| 70 | 39.01±3.33 | 36.20～41.90 |

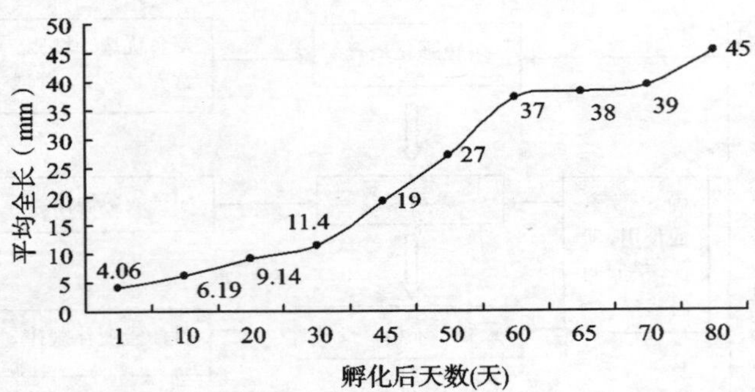


**图 3-12　条斑星鲽生长曲线图**(水温 14℃～23℃)

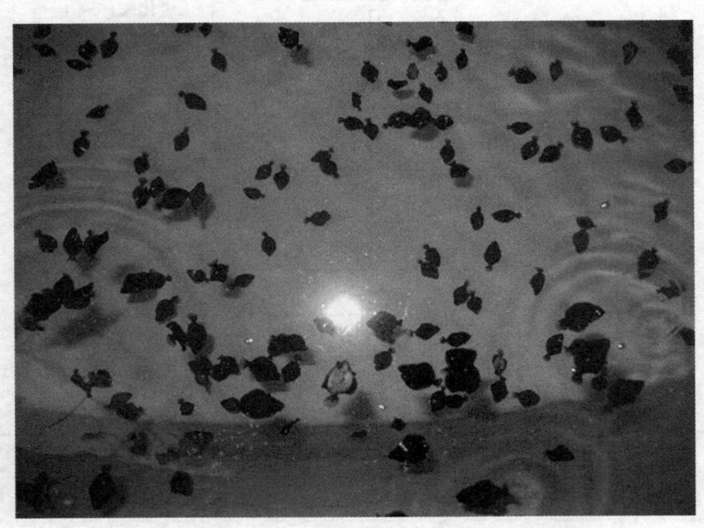

**图 3-13　条斑星鲽苗种培育池**

# 第四章　圆斑星鲽生物学特征

## 第一节　分类与分布

### 一、分类地位

圆斑星鲽(*Verasper variegatus* Temminck et Schlegel,1846)在分类地位上与条斑星鲽十分接近,也是隶属于:

脊索动物门(Chordata)

　脊椎动物亚门(Subphylum Vertebrata)

　　硬骨鱼纲(Osteichthys)

　　　鲽形目(Pleuronectiformes)

　　　　鲽亚目(Pleuronectoridei)

　　　　　鲽科(Pleuronectidae)

　　　　　　星鲽属(*Verasper*)

该种在我国北方虽然分布区域较广,但由于自然资源匮乏,始终没有形成规模捕获量。虽然国内学者对于该种的研究较早,然而对其研究远远不如条斑星鲽那么翔实,但也涉及一些养殖技术和育苗技术研究,并取得了初步的进展,现将该种类资料整理如下，以供广大养殖业者参考。

## 二、地理分布

圆斑星鲽，英文名 spotted halibut，中文俗称“花斑爪”或“花豹子”，民谚中“春花秋鳎”中的“春花”，就是指圆斑星鲽。圆斑星鲽的自然资源主要分布在北太平洋西部，也就是中日韩三国沿海地区。具体来说，在我国主要分布在黄渤海，在日本主要分布于北海道以南的太平洋及日本海沿岸海域，成鱼全长最大可达 60 cm，体重最大达 4 kg。圆斑星鲽具有肉质细嫩、味道鲜美、营养价值高等品质，为高级食用鱼。据日本学者 Masashi 分析比较发现，星鲽的营养价值远高于牙鲆（Masashi 等，1998）。国内学者王远红等研究发现：圆斑星鲽鲜味氨基酸（DTAA）的含量达到了 31.26%，远远高于大菱鲆和牙鲆，这也是其味道鲜美的重要原因。圆斑星鲽体内脂肪酸以不饱和脂肪酸为主，占62.71%。其中多不饱和脂肪酸（PUFA）含量达33.63%；DHA（22:6）含量丰富，达到 16.14%，EPA 与 DHA 的和达到 21.87%，是鲆鲽类中含量较高的一种鱼（王远红等，2006）。

# 第二节　圆斑星鲽的形态特征

圆斑星鲽身体卵圆形，体长为体高的 2.5～4.0 倍（图 4-1）。鱼体两面都有鳞，眼在身体右侧，两眼以一平而中等宽阔的眼距所隔开，上眼近头的边缘。体两侧均有发达的侧线，嗅板呈平行状，无中轴，侧线在胸鳍上弯曲，有一短的上颞须支。有眼侧被以强栉鳞，无眼侧通常被以圆鳞，无辅助鳞，有眼侧体暗褐色，无眼侧雌、雄均为白色，脊椎骨 40～62 枚。口中等大小，近于对称，头长近及

上颌长的 3 倍，两颌齿短小，钝圆锥形，上颌有齿两行，有 4～7 枚牙齿，下颌齿一行，有 25～30 枚牙齿，犁骨无齿。鳃耙粗短，数少，内缘有一层细刺，下咽喉骨窄，前端几乎相接。背鳍开始于无眼一面的鼻孔稍后，有眼一面的眼上，背鳍 77～87 枚，软条 91 枚，大部分鳍条不分支；有眼一侧的胸鳍稍大，中部鳍条分支。臀鳍 57～68 枚软条，第一间血管刺的尖端均稍伸出于臀鳍之前。尾鳍中部的鳍条最长，尾柄短，腹鳍基底短，左右对称，肛门在中线上两腹鳍之间，幽门盲囊 4 个。背鳍、臀鳍及尾鳍上均有大的黑色卵圆斑，体上也有小黑斑。

图 4-1　圆斑星鲽外部形态

## 第三节　圆斑星鲽生态习性

### 一、食性

圆斑星鲽属杂食、食底栖生物及游泳生物食性鱼类，主要以甲壳类的鲜明鼓虾、口虾蛄、日本鼓虾及软体动物类的火枪乌贼为饵料。另外,星鲽还经常摄食脊尾褐虾、戴氏赤虾、日本鲟及日本枪乌贼。而沙蚕类及鱼类则为偶然性食物。人工饲养条件下,可投喂小杂鱼与配合饲料(窦硕增等,1992)。

## 二、生长

星鲽一般生长寿命可达 10 年以上，最长可达 14 年，成熟个体体长为 30～60 cm，发现的最大个体为雌性，体长达到67.4 cm，重达 8 kg(Wada 等，2004)。星鲽生长比较快,但较牙鲆慢。人工苗孵化后 18 个月全长可达 34 cm,体重可达 800 g。星鲽与其他鲽形目鱼类相似,都具有雌性个体生长快于雄性的特点。据日本富山县实验场的经验,5～8 cm 圆斑星鲽经 4 年养殖,雌、雄鱼体分别可达 4.3 kg、1.2 kg。

## 三、盐度适应性

圆斑星鲽对盐度的适应性较强。据日本学者报道,圆斑星鲽在早期发育过程中,对低盐的适应能力强于牙鲆,因此推断其幼鱼的主要活动范围在浅海水域,比牙鲆的栖息地更靠近岸边(Wada 等，2004；Hiroi 等，1997)。实验室实验条件下,盐度为 4,变态后期仔鱼和初期幼鱼的成活率达近 100%,且与其对照组(盐度为 32)的生长速度相同,只是体色趋于暗黑(容易引发黑化现象)而且发育的速度减慢,这都很好地说明了圆斑星鲽的耐低盐能力(Wada 等，2004)。但是在盐度为 1 时,变态后期仔鱼在 5 d 内死亡，这区别于其他河口性的鲆鲽类,如川鲽属的欧洲川鲽(*Platichthys flesus*)或星突江鲽(*Platichthys stellatus*),两者完全可以生活在淡水中(Gutt，1985；Takeda 等，2002)。在早期发育的变态过程,圆斑星鲽对盐度 8～16 的适应性最强,其生长率高出其他组 20%。这主要是由于在盐度为 8～16 比较接近鱼体的等渗盐度(11～12),这样为调节渗透压而消耗的能量大大减少,更多地应用

于生长。另外，在渗透条件下，很多鱼类表现出最大的摄食率和食物转化率，如欧洲川鲽（Gutt，1985）和大菱鲆（Gaumet 等，1995；Imsland 等，2001）等。

### 四、繁殖

圆斑星鲽是生长速度较快的大中型鱼类，性成熟年龄为 3 龄左右，产卵期各地区有差异，在我国黄海北部记录为 12 月份至翌年 2 月份，日本北海道一带也是 12 月份至翌年 2 月份。但也有人认为在黄渤海水域为 4～5 月份。怀卵量可达几万至 40 余万粒，平均怀卵量在 19 万粒左右。该鱼性腺为分批成熟、多次排卵类型，排卵间隔一般为 2～4 d，多者可达 10 d 以上。

在对亲鱼进行生殖调控的前提下，每年的 1～5 月份均可获成熟的卵子。据报道，冬季在室内进行养殖，将水温控制在 9℃～10℃，1 月份性腺就可发育成熟。只要条件适宜亦可自然产卵，产卵时间一般为晚上 11:00 至凌晨 4:00。而人工养殖条件下，主要采取人工挤卵授精方法进行苗种培育。

## 第四节　圆斑星鲽亲鱼培育

在国内，亲鱼主要捕自自然海区，根据捕获亲鱼的规格和发育情况，或经过一段时间的培育，或直接就用于繁殖。所选择亲鱼标准以及培育方式与条斑星鲽类似。类似于条斑星鲽，其亲鱼培育需要低温的刺激，水温不宜超过 14℃（郑惠东，2003）。

圆斑星鲽性成熟一般在 3 龄左右，体长在 35 cm 以上，最早的成熟个体为 2.5 龄。日本学者津崎龙雄测定产卵期前后圆斑星鲽的性腺，雄鱼的性腺指数在 0.3%～1.6%之间，雌鱼的性腺指数在16.7%～21.9%之间，认为雄鱼最小个体全长31 cm以上，体重254 g以上即可达到初次性成熟，而雌鱼的全长在42 cm以上，体重在1140 g以上才达到初次性成熟。

在人工条件下，亲鱼容易出现繁殖障碍，因此利用性激素进行催产的报道屡见不鲜。圆斑星鲽催产激素为绒毛膜促性腺激素(HCG)，注射剂量为500 IU/kg，注射部位为背部肌肉，注射后亲鱼雌、雄分开置于不同网箧中，进行人工授精等。

## 第五节　圆斑星鲽的早期发育

圆斑星鲽的成熟卵子为半浮性卵，圆球形，卵黄透明、均匀，无油球。卵径为1.6～1.9 mm，受精卵在11℃±0.5℃水温下历时153 h，在8℃～8.5℃水温下需时197 h脱膜孵出仔鱼。

根据陈四清等的研究报道，在8℃～8.5℃水温范围内，圆斑星鲽初孵仔鱼的全长可达4.45 mm±0.15 mm，该温度下孵化6 d后开口摄食，25 d尾鳍骨上屈，40 d左眼开始上移右转，50 d开始伏底，60 d的培育稚鱼左眼完全偏转体右侧，体表鳞片生成，完成变态发育成幼鱼。整个早期发育过程要比王开顺等(2003)所报道的发育时序晚，主要原因可能是与培育的水温有关，这一点在实际生产中要注意把握，因地制宜，根据实际情况及时调整饵料及培育方式。

通过组织切片观察。仔鱼孵化后6 d开口，消化道各段分界不明显，此时可开始投喂轮虫；孵化后10 d，仔鱼消化道明显分为口咽腔、食道、胃、小肠和直肠等，各部分具有初步的结构和一定的消化吸收能力，但卵黄囊依然存在，仔鱼尚未完全进入外源性营养阶段，此阶段适当增加轮虫的投喂量。孵化后14 d，消化道各部分

的消化吸收能力增强，这时卵黄囊消失，仔鱼完全进入外源性营养阶段，此阶段注意不要断饵，避免因饥饿导致掉苗。孵化后19 d，圆斑星鲽仔鱼食道中前段和后段出现了分化，预示其对食物具有一定的储存功能，增加卤虫无节幼体的投喂。发育至25 d，鱼消化道大部分结构逐渐形成，消化道内腔扩大，内壁增厚，内壁上黏膜褶皱出现，黏膜上皮中黏液细胞和杯状细胞等增多，消化道的消化吸收能力增强，虽然胃的结构和功能尚不完善，但是已经可以进行配饵的转化（王思锋等，2006）。

## 第六节　圆斑星鲽增精及精子冷冻保存方法

圆斑星鲽在室内培育，雌、雄亲鱼性成熟不同步；圆斑星鲽不易在室内自然产卵，而且在人工饲育下排卵周期不稳定，卵巢腔内常常过熟，受精率显著下降；雄性圆斑星鲽精量少，一般自然成熟的精量为0.7 mL左右，很难采集，达不到人工繁殖生产时所需的精液量。上述几个原因，严重制约着圆斑星鲽人工繁殖技术的提高。采用激素处理方法，使雄性圆斑星鲽增加精液量，冷冻保存圆斑星鲽精液，保证其质量，具备受精能力，才能确保圆斑星鲽人工繁殖的进行。

肖志忠等人完成了“圆斑星鲽增精及精子冷冻保存方法”的研究，具体地说就是选择能挤出乳白色精液的雄性圆斑星鲽，对其腹腔注射HCG 150 IU/kg进行诱导增精，获取精液后，添加抗冻液在0℃～4 ℃预冷9～11 min，分段降温至－180℃，投入液氮中保存；解冻时，直接放入43℃水温至微融化后室温解冻，获取具有受精能力的精子。该研究具有时间短，诱导效果好，毒性作用少，对精子损伤小的优点，对于圆斑星鲽这一海水名贵鱼类的育种、种质保存、遗传多样性及可持续养殖等方面有着重要意义。

圆斑星鲽虽然与条斑星鲽为同属。但是两种同属不同种的鱼类染色体发生了不同程度变异。其中条斑星鲽的核型为2n=46，2sm+44t，不同于圆斑星鲽2n=46t。在鱼类进化过程中，圆斑星鲽的变异核型可能是通过罗伯逊易位形成的，有关圆斑星鲽和条斑星鲽在亲缘关系和进化上的先后次序尚需进一步研究（沙珍霞等，2007）。

## 第七节　圆斑星鲽的营养价值

2006年，王远红等对圆斑星鲽的营养成分进行了分析，研究表明圆斑星鲽的水分含量为76.56%，蛋白质为19.95%，粗脂肪为1.32%，灰分为1.06%。其蛋白质含量高，脂肪和灰分含量较低。经分析，常见的18种氨基酸，以干样品检测氨基酸总量达到81.76%以上（王远红等，2006）。人体所必需的8种氨基酸达到36.84%，具体成分见表4-1。其中，鲜味氨基酸(DTAA)的含量达到了31.26%，比大菱鲆和牙鲆高。

**表4-1　圆斑星鲽的氨基酸营养成分**

| 必需氨基酸 | 含量(%) | 非必需氨基酸 | 含量(%) |
|---|---|---|---|
| asp | 8.64 | Leu | 6.67 |
| thr | 3.84 | Tyr | 3.04 |
| Ser | 3.62 | Phe | 3.45 |
| Gly | 4.56 | His | 1.97 |
| Ala | 4.96 | Arg | 5.52 |

续表

| 必需氨基酸 | 含量(%) | 非必需氨基酸 | 含量(%) |
|---|---|---|---|
| Val | 4.96 | Trp | 1.30 |
| Met | 2.52 | Cys | 0.48 |
| Ile | 3.95 | Pro | 2.07 |
| EAA | 36.84 | EAA/NEAA | 82.01 |
| TAA | 81.76 | DTAA | 31.26 |
| EAA/TAA | 45.06 | DTAA/TAA | 38.23 |

注:EAA：必需氨基酸；DTAA:鲜味氨基酸；

TAA：总氨基酸，NEAA ：非必需氨基酸

# 第八节　圆斑星鲽的遗传学研究

与条斑星鲽类似，国内外对于圆斑星鲽遗传学方面的研究报道相对较少。总的说来可归纳为以下三个方面。

## 一、分子标记开发及种内遗传多样性检测

刘曼红等(2005)对采自黄海的圆斑星鲽野生群体遗传多样性开展了同工酶分析。对 17 种酶在 8 种器官组织中的特异性进行了检测，其中 14 种酶(AAT，ADH，EST，GPI，G3PDH，IDHP，LAP，LDH，MDH，MPI，PGDH，PGM，SDH 和 SOD)在 4 种器官组织(眼、骨骼肌、肝脏和心脏)中具有特异性表达(图 4-2)。14 种等位酶共编码了 20 个位点，9 个具有多态性，多态位点比例 0.4500，平均观测杂合度和期望杂合度分别为 0.027 8 和0.026 5，平均有效等位酶数为 1.067 5。

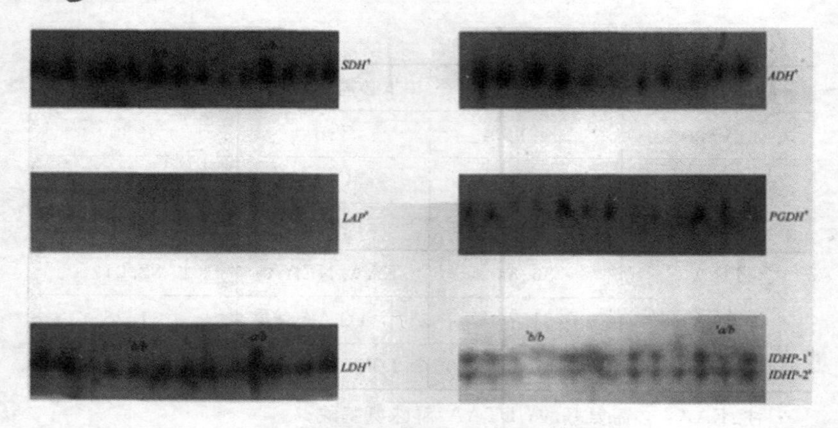


**图 4-2　圆斑星鲽同工酶电泳图谱**

王佳实等(2009)利用富集文库——菌落原位杂交法构建了圆斑星鲽的微卫星基因组文库,经测序共获得了 429 个含有微卫星序列的克隆,其中 294 条可以进行引物设计,实验表明 93 对引物的扩增产物具有多态性。利用其中 21 对微卫星引物对圆斑星鲽野生群体进行了遗传多态性检测。等位基因数范围为 4～14,观测杂合度和期望杂合度范围分别为 0.137 1～1 和 0.048 7～0.911 7。

日本学者 Romo 等(2006)分别采用微卫星标记和线粒体 DNA 控制区标记对日本近海 4 个不同海域的圆斑星鲽野生群体遗传结构和遗传多样性进行了分析(表 4-2,图 4-3),6 个微卫星位点有效等位基因数在 7.7～10.2 之间,平均期望杂合度为 0.710～0.774,表现了相对较高的遗传变异水平。然而,基于线粒体 DNA 控制区的单倍型多样度和核苷酸多样度较低,特别是南方海域 2 个群体,推测圆斑星鲽在进化过程中可能发生了近期的遗传瓶颈和奠基者效应。无论微卫星和线粒体,分子方差分析结果都表明群体间存在显著的遗传差异,建议南北海域当做两个种群分

别进行管理。

**表 4-2　基于微卫星数据(上对角线)和线粒体 DNA 数据(下对角线)的日本沿海 4 个圆斑星鲽群体两两群体间 $F_{ST}$ 值以及相关 $P$ 检验**

| | 岩手县 | 福岛 | 爱媛县 | 长崎 |
|---|---|---|---|---|
| 岩手县 | | 0.001 | 0.011 * | 0.027 * |
| 福岛 | −0.020 | | 0.012 | 0.022 * |
| 爱媛县 | 0.250 * | 0.178 * | | 0.045 * |
| 长崎 | 0.250 * | 0.178 * | −0.023 | |

* $P<0.008$，$k=6$。

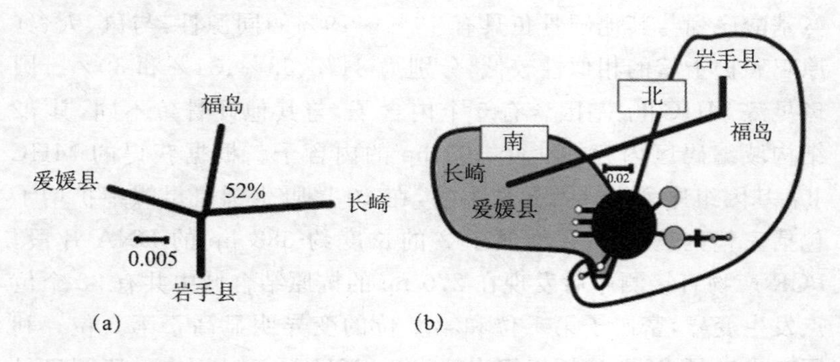


**图 4-3　(a)基于 Cavalli-Sforza 遗传距离构建的邻接关系树；(b)基于线粒体控制区的简约单倍型网络图**

## 二、遗传育种

王娟等(2011)采用表达序列标签法和 cDNA 末端快速扩增(RACE)技术，成功获得了圆斑星鲽主要组织相容性复合体 MHC Ⅰα 的全长 cDNA 序列。该 cDNA 全长 2171 bp，5′UTR 为 20 bp，3′UTR 为 1053 bp，开放阅读框(ORF)长度为 1098 bp，可编码 365 个氨基酸，包含信号肽、抗原结合域(α1、α2)、IGC 类似区

(α3)、连接肽(跨膜区)和胞质区 5 个结构域。同源分析表明,圆斑星鲽 MHCⅠα 氨基酸序列与其他硬骨鱼具有 31%~74%的同源性,与人的相似性较低。利用荧光定量 PCR 分析组织表达发现 MHCⅠα 基因在健康圆斑星鲽 9 种组织中均有表达,但表达量存在差异,肾的表达量最高,肌肉和皮的表达量最低。

李宏俊等(2011)通过表达序列标签法和 cDNA 末端快速扩增(RACE)技术,分离和克隆了圆斑星鲽主要组织相容性复合体(MHC)IIB 的全长 cDNA 序列,该 cDNA 全长为 1 144 bp,可编码 228 个氨基酸,包含信号肽、抗原结合域(β1)、IGC 区(β2)、跨膜区和胞质区 5 个结构域(图 4-4)。同源分析表明,圆斑星鲽 $MHCⅡ_B$ 氨基酸序列与其他硬骨鱼具有 49%~79%的同源性,与鼠、人、红原鸡和护士鲨的相似性较低,分别为 34%、33%、31%和 30%。圆斑星鲽 $MHCⅡ_B$ 基因含有 5 个内含子,与其他硬骨鱼不同,其 β2 结构域编码区内存在 1 个 109 bp 的内含子。根据获得的 $MHCⅡ_B$ 基因组序列设计特异性引物,在 10 尾野生圆斑星鲽中扩增了包括完整内含子 1 和外显子 2 的长度约 388 bp 的 DNA 片段,PCR 产物直接测序后发现在 270 bp 的抗原结合域中共有 23 个位点发生变异,密码子第 1 位和第 2 位的变异明显高于第 3 位。利用荧光定量 PCR 分析组织表达发现,$MHCⅡ_B$ 基因在健康圆斑星鲽 9 种组织中均有表达,但表达量存在差异,肾的表达量最高,肌肉的表达量最低,肾、心、脾脏和鳃的表达量显著高于肝、皮肤、脑、血和肌肉(图 4-5)。

马洪雨等(2011)通过检测 64 对引物组合的 AFLP 图谱,发现其中两对引物组合 MseI-CAG/EcoRI-ACC 和 MseI-CAT/EcoRI-AGG 在所有 88 雌性个体中扩增出特异性片段,而在 60 个雄性个体中仅 3 个个体中出现(图 4-6)。对两个片段进行分离、克隆并测序。经 GENEBANK 数据库 BLAST 比对,片段 VevaF218 为圆斑星鲽所特有,在条斑星鲽中缺失,使用条斑星鲽母本和圆斑星鲽

父本两个种类杂交，发现该片段在所有雌性后代个体中缺失（图 4-7），表明该片段位于圆斑星鲽雌性染色体上。

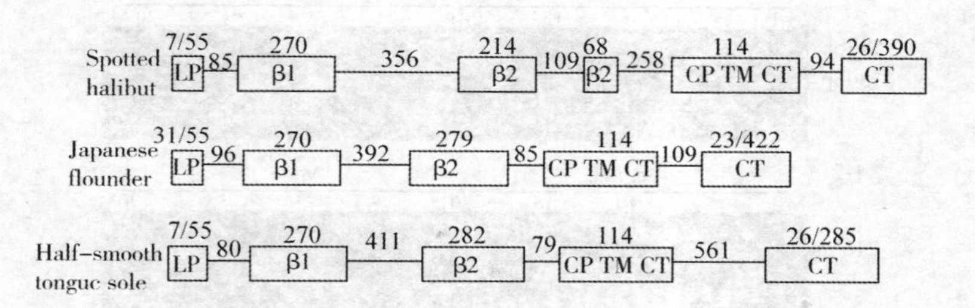


CP 连接肽，CT 胞质结构域，LP 信号肽，TM 跨膜结构域

**图 4-4 圆斑星鲽 MHC Ⅱ$_B$ 基因组结构示意图**

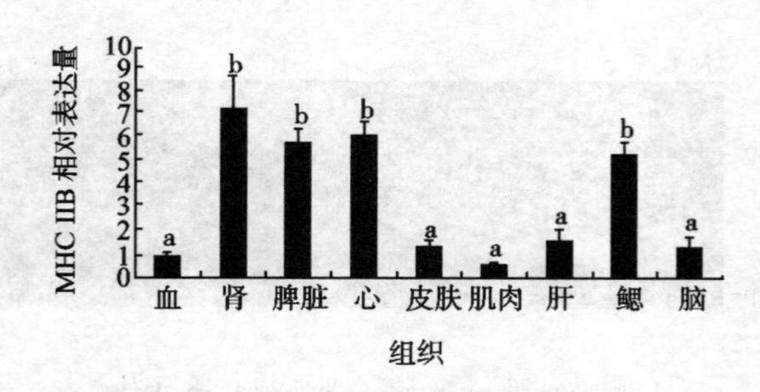


柱上不同字母表示各组织间的表达量存在显著差异（$P<0.05$）

**图 4-5 圆斑星鲽 MHC Ⅱ$_B$ 组织表达 Realtime PCR 分析**

为更好的开展苗种的遗传选育和基因组结构的研究，马洪雨等（2011）基于微卫星标记和 AFLP 标记首次构建了圆斑星鲽和条斑星鲽遗传连锁图谱。雌性遗传图谱由 98 个标记组成（58 个 AFLP 和 40 微卫星标记），分布于 27 个连锁群；雄性遗传图谱包含 86 个标记（48 个 AFLP 标记和 38 个微卫星标记），分布于 24 个连锁群。雌性期望基因组长 1 128 cm，雄性长 1 115 cm。其中

5 个微卫星标记在两个遗传图谱中都有出现。

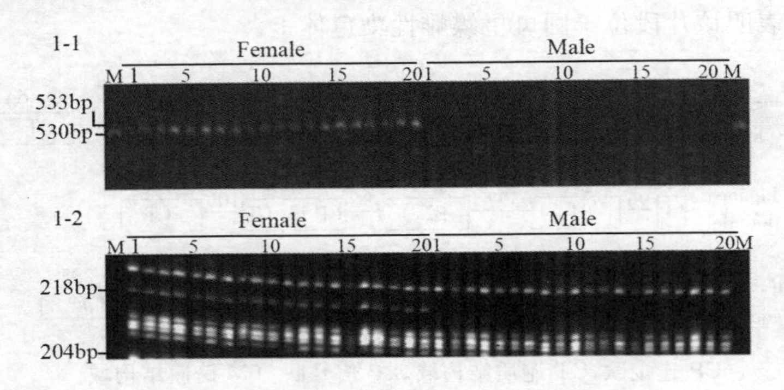


1-1 为 MseI-CAG/EcoRI-ACC，1-2 为 MseI-CAT/EcoRI-AGG

**图 4-6　两个雌性相关 AFLP 标记图谱**

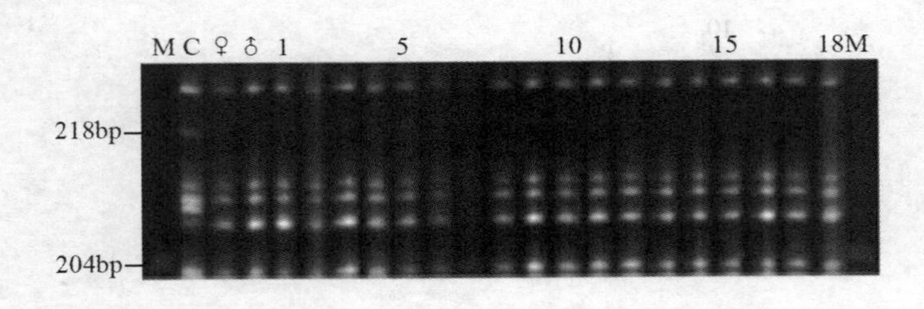


C 阳性对照，♀父本，♂母本，1～18 子代

**图 4-7　片段 VevaF218 在杂交子代中的扩增图谱**

## 三、系统和进化

陈四清(2005)研究比较分析了圆斑星鲽和条斑星鲽线粒体基因组 16S rNRA、COI、ND5 和 Cytb 基因总长度为 2056bb 的核苷酸序列。在不同基因片段的核苷酸序列上，圆斑星鲽与条斑星鲽间的遗传分化存在明显的差异，两种间在 Cytb 基因片段上的遗传

距离最大(0.0086),在 16S rRNA 基因片段上的遗传距离最小(0.010)。圆斑星鲽与条斑星鲽在 3 个蛋白质编码基因的氨基酸序列的遗传分化明显比核苷酸序列的分化程度低,尤其在 COI 基因片段的氨基酸序列上,两种间没有检测到遗传分化。但两种在不同氨基酸序列上的遗传分化程度显示出与核苷酸序列同样的趋势,即 Cytb(0.037)＞NDS(0.019)＞COI(0.000)。应用 2%/百万年的 cytb 基因核苷酸分歧速率估算两个种的分化时间约为 430 万年,基于 ND5 基因估算二者分歧时间约为 270 万年,表明两物种间的分化发生在上新世。

贺崇波等 2007 通过 PCR 扩增产物直接测序和引物行走法测定了圆斑星鲽线粒体基因组全序列,并对其进行结构与进化分析。圆斑星鲽线粒体基因组序列长 17 273 bp,其基因序列及构成都与其他硬骨鱼基本相同。圆斑星鲽的控制区包含 1 个终止相关序列区(ETAS)、6 个中央保守序列区(CSB-A、B、C、D、E、F)和 3 个保守序列区(CSB-1、2、3)以及长串联重复区。用 NJ 法和 MP 法对 5 个目 22 种鱼 mtDNA 的 13 个蛋白质编码基因的氨基酸序列进行系统分析,结果显示圆斑星蝶与石鲽关系最近,鲽形目的鲆、鲽类与鲈形目的鲹科(Carangidae)、鲷科(Sparidae)亲缘关系较近,而同属于鲽形目的塞内加尔鳎(*Solea senegalensis*)没有和任何目聚在一起,成为一个独立的分支。

# 第五章　星鲽健康养殖技术

## 第一节　星鲽健康养殖的环境条件

### 一、水温

水温是最重要的环境因素，它对星鲽新陈代谢的水平和效果都会产生深刻的影响。例如，山东省海水养殖研究所和烟台百佳水产有限公司的养殖结果证明水温为10℃～20℃时条斑星鲽生长良好；当水温降至6℃以下时摄食不良，4℃基本不摄食；当水温上升至23℃以上时，死亡率明显增加；当水温超过25℃时，只能存活2～3 d，鱼的眼部充血，体表及肝脏呈出血斑点。圆斑星鲽的适温相对较高，为13℃～25℃，水温低于10℃将会对其造成致命性伤害。

### 二、溶解氧

星鲽较其他鲆鲽鱼来说比较耐低氧，养殖和运输成活率高，但是仍需要一定溶解氧才能维持正常生长。养殖结果表明，星鲽对溶解氧的适应范围为2～10 mg/L，3 mg以上即可正常生长，最佳

为 4～7 mg/L。为了保持良好摄食，促进快速生长，日常管理要求养殖池水中溶解氧在 5 mg/L 以上。据日常养殖管理观察，溶解氧在 3 mg/L 以下摄食强度下降，生产上要求池水中溶解氧含量在 5 mg/L 以上较适宜，以保障其正常快速生长，并且在遇到停电、机械损坏等意外情况下，水中溶解氧的消耗具有缓冲的时间。氨氮的含量要求低于 0.02 mg/L。条斑星鲽、圆斑星鲽对低溶解氧的耐受能力较强，耗氧率低，养殖和商品鱼运输成活率高，非常适合工厂化高密度养殖。

## 三、光照

鱼类对光的适应性表现为趋光性和背光性。硬骨鱼类一般喜欢弱光，对直射阳光通常发生应激反应，直接影响鱼类正常的行为和生长发育。研究发现，同时控制饲育环境的光照和水温，可更加有效地控制亲鱼的产卵期，如目前养殖繁育生产中采用秋季延长光照并升温的方法，使鲆鲽类及游泳性鱼类如真鲷等提前 4～5 个月产卵，在春季即可出池大规格鱼种，当年养成商品鱼，甚至经过人为控制有些鱼可实现全年产卵苗种培育。星鲽有一定的趋光性，聚群时喜欢在柔和的灯光下面，养殖过程中，饲喂最佳光照强度为 200～500 lx，一般日常光照要求可在 1000 lx 以内。

## 四、pH

自然海水的 pH 通常在 7.85～8.25 之间，星鲽所需的 pH 范围为 7.5～8.5，偏向弱碱性环境。如果 pH 的变化超出鱼类适宜范围，鱼体新陈代谢受影响，若长时间超出极限范围，会破坏皮肤黏膜和鳃组织，鱼体会因血球载氧能力减弱而缺氧，代谢功能降低，摄食减少，消化率低，体质下降，抗病能力弱，生长受抑制，直至死亡。目前，海洋的酸化现象对鱼类影响的程度和范围尚不清楚，但在养殖过程中需要注意定期测定和控制养殖水体的 pH。

## 五、氨氮

养殖水体中的氮化物主要来源于饵料中的蛋白质。氨是蛋白质代谢的最终产物，其次是尿素。尿素本身对鱼是无害的，但它很快就水解成氨和二氧化碳，氨可被细菌氧化为亚硝酸盐和硝酸盐，硝化的过程很慢。因此，一般水体中，亚硝酸盐的含量很少，对鱼无危害。但是，在目前集约化精养高产鱼池里，在生产环境出现失调或氨含量超标的状况下，则会大量产生亚硝酸盐，甚至在较短时间内达到使鱼致死的浓度。国内有关资料报道，水中的产氨量与投饵量成正比，投饵量大，产氨量也多。反之，产氨也少。因此，在星鲽的养殖过程中，即使是在氧气充足的条件下，氮化物的毒性，也是不可忽视的一个重要的环境因子。氨氮含量高时，增加耗氧量，降低鱼体摄食量，一般日常要求星鲽养殖池水中氨氮含量以不超过 0.02 mg/L 为最高限量。

## 六、其他

城镇生活污水带来的无机、有机物污染，未经处理的工业、农业污水带来无机、有机、农药及重金属污染等。在我国沿海海域，特别是原传统养殖区域的城市化的加剧，大量的生活污水和工业污水的无序排入，海水日趋富营养化。如若陆上工厂化养殖大棚及海上养鱼网箱过密，残饵、排泄物的沉淀腐烂分解和养殖废水的大量增加，更加剧了海域的富营养化程度，直接威胁到养殖鱼的安全。另外，汞、铅、锰、铁等重金属离子在海水中超过一定含量时，会影响鱼的呼吸、代谢，引起鱼的死亡。其养殖水质指标应控制在《渔业水质标准》规定的范围。因此，若筹建陆地鱼类养殖场或选择网箱养殖海域，首先要注意水源地区域水质（地下咸淡水、自然海水）的污染问题。

## 第二节　星鲽的营养需求与配合饲料

### 一、星鲽的营养需求量

在自然环境中，鱼类一般不会出现营养缺乏症。但在人工养殖条件下，鱼类所需要的各种营养物质几乎全靠人工配给。使用能满足鱼类营养需求量的适宜饵料，鱼的生长就快，体质好，成活率高，抗病能力就会增强；反之，则生长迟缓，体弱多病，甚至死亡，使养殖生产遭受失败。饵料的营养物质包括蛋白质、脂肪、糖类、维生素、无机盐等。将各种营养物质比例搭配适当，即构成全价配合饲料，全价配合饲料能提高饲料的有效利用率和转换率，降低养殖成本。

1. 蛋白质

蛋白质是生命体的重要组成部分，是构成各生命器官的主要成分。海水鱼对蛋白质的需求量高于淡水鱼，动物食性鱼类的要求又高于植物食性和杂食性鱼类。鱼类摄食的蛋白质在消化管中由酶作用分解成氨基酸，然后被吸收用于维持鱼体蛋白质的更新、生长和用作部分能量消耗。在仔、稚、幼鱼阶段，对蛋白质的需求量要高于成鱼阶段。研究分析表明动物蛋白(如鱼粉和鱿鱼粉)是最好的蛋白源，鱼粉中又以鳕鱼粉为最好。目前据苗种繁育生产试验在配合饲料中以5%的鱿鱼粉代替鱼粉投喂仔、幼鱼，结果使其生长速度提高了11.4%，饲料利用率提高了13.3%。星鲽营养研究国内未见报道，目前生产上主要以牙鲆、大菱鲆的饲料作为代用饲料(饲料粗蛋白42%以上)。日本西条水产课研究了配合饲料中不同蛋白质含量对星鲽仔稚鱼生长的影响，经过45 d的投喂实验,用含粗蛋白分别为50.7%、57.6%和63.3%的三个平行组配合饲料进行对比饲育,根据回归分析,得出星鲽配合饲料中蛋白质含量为63.3%时,鱼的生长、增重最快,成活率高。结果表明,鱼体增重随饲料中蛋白质含量的增加而呈直线增长;达到最适量时,鱼体增重最快;但当超出蛋白质适量后,增重就会逐渐减慢。养殖实验表明,对于星鲽成鱼养殖来说,其饲料蛋白质水平以不低于45%,不高于50%,较为经济。目前尚未有关于星鲽对各种必需氨基酸需求量的报道,但已发现饲料中酪氨酸含量过高会引起肾脏病。而且,赖氨酸和精氨酸、亮氨酸和异亮氨酸之间都具有一定的比例关系,这两组氨基酸中任何一种使用过量,就会发生相抗,导致抑制生长。最好的蛋白源应是将各种蛋白质合理搭配,使其饲料中必需氨基酸的数量接近星鲽鱼体肌肉所含的氨基酸,以这种形式配制的饲料用于星鲽的养殖,星鲽生长良好,且成活率高。

**表5-1 星鲽商品饲料中蛋白质推荐值(参考值)**

| 鱼体重(g) | 蛋白质水平(%) |
| --- | --- |
| 3～5(伏底期) | 65以上 |
| 8～15(仔鱼期) | 55～60 |
| 50～150(幼鱼期) | 50 |
| 200～1000(成鱼期) | 45～50 |
| 1000以上(亲鱼培育期) | 不低于55 |

**表5-2 星鲽背部肌肉蛋白质中氨基酸组成**

| 氨基酸 | 含量(%) | 氨基酸 | 含量(%) | 氨基酸 | 含量(%) |
| --- | --- | --- | --- | --- | --- |
| 天冬氨酸 | 8.97 | 半胱氨酸 | 1.16 | 酪氨酸 | 2.87 |
| 苏氨酸 | 3.93 | 诘氨酸 | 3.68 | 赖氨酸 | 7.35 |

续表

| 氨基酸 | 含量(%) | 氨基酸 | 含量(%) | 氨基酸 | 含量(%) |
|---|---|---|---|---|---|
| 丝氨酸 | 3.82 | 甲硫氨酸 | 2.71 | 精氨酸 | 8.84 |
| 谷氨酸 | 13.71 | 亮氨酸 | 6.69 | 组氨酸 | 1.83 |
| 甘氨酸 | 3.25 | 异亮氨酸 | 3.27 | 色氨酸 | 0.74 |
| 丙氨酸 | 4.73 | 苯丙氨酸 | 3.14 | 脯氨酸 | 2.12 |

**表 5-3　常用鱼用饲料中氨基酸的水平**

| 氨基酸 | 蛋白质(%) | 饲料(%) | |
|---|---|---|---|
| | | 40 cp | 45 cp |
| 精氨酸 | 5.8 | 2.32 | 2.61 |
| 组氨酸 | 2.1 | 0.84 | 0.95 |
| 异亮氨酸 | 3.5 | 1.4 | 1.58 |
| 赖氨酸 | 5.3 | 2.12 | 2.39 |
| 蛋氨酸 | 2.4 | 0.96 | 1.08 |
| 苯丙氨酸 | 4.0 | 1.60 | 1.80 |
| 色氨酸 | 0.8 | 0.32 | 0.36 |
| 苏氨酸 | 3.6 | 1.44 | 1.62 |
| 亮氨酸 | 5.4 | 2.6 | 2.45 |
| 缬氨酸 | 4.0 | 1.6 | 1.8 |

2. 脂肪和必需脂肪酸

脂肪是由碳、氢、氧三种元素构成的，在人工养殖条件下，鱼类脂肪代谢有较大的变化。饲料中脂肪的主要生理功能是产生热能和以磷脂、糖脂等类脂形式构成细胞膜的类脂层和体内多种组织

成分。脂肪还有节约饲料蛋白质的作用,它还是脂溶性维生素的载体。鱼类为变温动物,无需维持恒定体温,同时鱼类只要很少的能量就能在水中维持平衡和运动;鱼类的排泄物几乎都是以氨的形式排泄的,失去的能量较少,因而鱼类对饲料中的脂肪的要求比陆地动物低。目前我国几种主要养殖鱼类饲料的适宜含脂量为4%~15%。日本水产所研究表明,条斑星鲽需要的适宜脂肪含量为饲料重量的7%~17%,根据日本水产实验所的饲喂实验,在投喂冰鲜杂鱼(主要是鲹科鱼类)时,星鲽脂肪含量为11.75%,其生长的各项指标均较好。由此可以推测,星鲽的脂肪需求量应该在11%左右。

海水鱼类,特别是海水肉食性鱼类的必需脂肪酸,主要包括n-3系列以及n-6系列高度不饱和脂肪酸(highly unsaturated fatty acids, HUFA)。其中,n-3系列HUFA以二十碳五烯酸(EPA)、二十二碳六烯酸(DHA)最为重要;n-6系列HUFA以花生四烯酸(AA)为主。足够的n-3高度不饱和脂肪酸对促进海水鱼的生长、增强抗病能力保证鱼体健康都有重要的作用;反之,将出现鳍和皮肤变红、厌食、生长缓慢、肝苍白、眼球浑浊及休克等综合症状。现已查明,狭鳕鱼肝油、乌贼及鱿鱼的内脏团和菲律宾蛤中的n-3高度不饱和脂肪酸(EPA、DHA)含量较高,是最好的脂肪酸来源。鱼类对鱼油容易消化吸收,但HUFA极易氧化变质,长期投喂氧化脂肪能引起多种疾病,如肝病变、血糖升高、体色变黑、死亡率增加等。

**表5-4 不同脂质源的必需脂肪酸构成**

| 植物源 \ 脂质源 | 18:2 n-6 | 18:3 n-3 | 20:5 n-3 | 22:6 n-3 |
|---|---|---|---|---|
| 玉米油 | 58 | 1 | 0 | 0 |
| 棉籽油 | 53 | 1 | 0 | 0 |

续表

| 植物源 \ 脂质源 | 18:2 n-6 | 18:3 n-3 | 20:5 n-3 | 22:6 n-3 |
|---|---|---|---|---|
| 亚麻子油 | 17 | 56 | 0 | 0 |
| 菜子油 | 15 | 8 | 0 | 0 |
| 花生油 | 30 | 0 | 0 | 0 |
| 大豆油 | 50 | 10 | 0 | 0 |
| 葵花油 | 70 | 1 | 0 | 0 |
| 海生物源 | | | | |
| 鳕鱼肝油 | 5 | 1 | 16 | 14 |
| 墨鱼肝油 | 1 | 2 | 12 | 18 |
| 蛤蜊油 | 1 | 1 | 19 | 14 |
| 鱿鱼油 | 3 | 3 | 12 | 10 |

3. 糖类(碳水化合物)

鱼类饲料中的糖类主要是指多糖(即碳水化合物,如淀粉)。淀粉有直链淀粉和支链淀粉两种结构。生淀粉(B型,即直链淀粉)及糊精较难消化吸收;膨化煮熟的淀粉(A型,支链淀粉)容易消化。糖类是鱼类的能量之一。但像牙鲆、星鲽等偏肉食性的鱼类,因其体内缺乏淀粉酶,从而对淀粉特别是B型淀粉的消化吸收能力极差。因此对于海水肉食性鱼类而言,糖类(碳水化合物)的添加量过多,则会影响其生长,但适当的增加糖类含量具有节约蛋白质和脂肪,从而降低饲料的加工成本的作用,淀粉通常作为饲料黏合剂使用。日本学者实验报告:在星鲽的饲料中,淀粉含量一般不应超过5%。

4. 维生素

维生素为有机化合物,分为水溶性维生素和脂溶性维生素两大类。水溶性维生素有B族维生素、维生素C、胆碱、叶酸、肌醇、烟酸、泛酸和对氨基安息香酸等；脂溶性维生素有维生素A、维生素D、维生素E和维生素K。鱼类需要的维生素共有15种，见表5-5。鱼类的正常生长、繁殖和代谢功能需要维生素。

**表5-5　鱼类对维生素的基本需求量(kg饲料)**

| 种类 | 单位 | 一般鱼类 | 冷水性鱼类 |
| --- | --- | --- | --- |
| 维生素C | mg | 100 | 100 |
| 维生素$B_6$ | mg | 10 | 10 |
| 维生素$B_1$ | mg | 10 | 10 |
| 维生素$B_2$ | mg | 20 | 20 |
| 维生素$B_{12}$ | mg | 0.02 | 0.02 |
| 维生素D | IU | 2 000 | 2 400 |
| 维生素A | IU | 2 000 | 2 500 |
| 维生素E | IU | 30 | 30 |
| 维生素K | mg | 80 | 10 |
| 胆碱 | mg | 3 000 | 3 000 |
| 生物素 | mg | 1 | 0.1 |
| 泛酸 | mg | 40 | 40 |
| 叶酸 | mg | 5 | 5 |
| 肌醇 | mg | 400 | 400 |
| 尼克酸 | mg | 150 | 150 |

维生素C的主要作用是在鱼类生长发育和组织修复中形成胶原质。鱼类对饲料中缺乏维生素C是相当敏感的，据观察饲喂缺乏维生素C饲料一段时间后，鱼表现为生长率下降、脊椎骨弯曲、

皮肤及鳍边出血、色素沉淀过度即体表发黑、伤口愈合能力差及易受细菌、病毒感染。近几年来通过养殖生产研究发现，饲料中含维生素C 500 mg/kg及其以上的量能满足鱼类的正常生长需要，并且鱼类对维生素C的需求量往往随着鱼龄的增加而减少。由此可推断出，要维持星鲽的正常生长，饲料中维生素C的正常含量应为500 mg/kg。

B族维生素（主要是$B_1$、$B_2$、$B_6$、$B_{12}$）在参与鱼体蛋白质代谢中有重要意义。有实验报道，鱼类在缺乏B族维生素时，一旦养殖环境条件发生变化时易产生胁迫性应急反应，如移池、起捕上市等操作后，会引起大量休克现象。养殖过程中出现厌食、游泳、白内障、鳍边及口唇易损伤、溃疡等，其养殖增重率和成活率明显低于投喂含B族维生素5 mg/kg的饲料的实验对比组。由此表明要维持全人工养殖鱼类的正常生长，应添加一定量的维生素。表5-6为鱼类缺乏维生素及矿物质时的各种病理症状。

**表5-6　各种维生素、矿物质对海水鱼的生长发育及生理代谢的影响**

| 维生素、矿物质 | 缺乏症状 | 过量症状表现 |
|---|---|---|
| 维生素C | 食欲减退，应急能力差，身体与鳍边变黑，尾鳍溃烂，鳃出血，骨骼及软骨变形 | 食欲不振 |
| 维生素$B_1$ | 生长停止，惊厥、黑变、死亡率高 | 中毒 |
| 维生素$B_2$ | 生长不良，眼异常、眼球浑浊，白内障症状 | 体色异常 |
| 维生素$B_6$ | 无食欲，浮于水面，受惊易遭受伤，神经异常 | 游泳平衡差 |
| 维生素E | 体色变黑，肌肉萎缩，易发细菌性皮肤病 | 生长发育异常 |

续表

| 维生素、矿物质 | 缺乏症状 | 过量症状表现 |
| --- | --- | --- |
| 维生素 $D_3$ | 生长缓慢 | 肝中毒、生长受阻 |
| 维生素 $B_{12}$ | 肝病变、生长停止 | |
| 维生素 A | 仔稚鱼白化 | 脊椎畸形、尾鳍残损 |
| 肌醇 | 生长缓慢，口和头骨畸形 | |
| 厌食 | | |
| 叶酸 | 贫血，鳍脆弱，糜烂 | 中毒 |
| 氯化胆碱 | 生长缓慢、空腹 | |
| 维生素 $K_3$ | 凝血时间长、贫血 | 剧毒致死 |
| 维生素 H | 食欲不振、生长慢 | 生理代谢障碍 |
| 偏多酸 | 鳃盖骨和峡部出血，腹鳍出血，糜烂，死亡率高 | |
| 铁 | 贫血 | 中毒 |
| 磷 | 生长发育不良 | |
| 钙 | 脊柱弯曲 | |
| 锌 | 生长发育不良 | 中毒 |
| 铜 | 血障碍 | 中毒 |

5. 无机盐

无机盐是维持鱼类体内组织的渗透压及酸碱平衡的重要物质，其中包括 7 种常量元素(钾、钠、钙、镁、硫、磷、氯)和 14 种微量元素(铁、锌、铜、锰、硌、钼、钴、硒、镍、钒、锡、氟、碘、锶)。

鱼类可以通过鳃从水中吸收无机盐类，或在吞饮海水的过程中，由肠壁吸收无机盐，可以直接从水中获得钙、镁、钴、钾、钠和

锌。然而水中溶解的无机磷比较少,为满足鱼类正常代谢中较高的鳞需求量,应该在饲料中额外添加磷。

## 二、星鲽养殖中几种常用饲料

1. 鲜活饵料

星鲽为偏肉食性鱼类,在自然海区主要摄食小型鱼类、甲壳类、头足类、贝类等,摄食品种见表5-7,主要摄食种类有鳀鱼、沙丁鱼、小黄鱼、黄姑鱼、玉筋鱼、虾虎鱼、梅童鱼等,以及口虾蛄、鹰爪糙对虾、鼓虾、底栖贝、蟹类、毛虾等杂虾类和乌贼、枪乌贼等头足类。

表5-7 条圆斑星鲽摄食种类比较

| 圆斑星鲽(据唐启升) | | 条斑星鲽(据日本资料) | |
|---|---|---|---|
| 日本鼓虾 | 大寄居蟹 | 糠虾类 | 团水虱 |
| 鲜明鼓虾 | 鹰爪糙对虾 | 瓣尾类 | 等脚类 |
| 中国毛虾 | 火枪乌贼 | 卷甲虫 | 潮湿虫 |
| 赤虾 | 脊腹褐虾 | 海蟑螂 | 寄居蟹 |
| 口虾蛄 | 鳀鱼 | 日本鳀鱼 | 日本叉牙鱼 |
| 被囊类 | 壳蛞蝓 | 头足类 | 底栖贝类 |
| 泥脚隆背蟹 | 虾虎鱼 | 沙蚕科 | 口虾蛄 |
| 紫口玉螺 | 枯瘦突眼蟹 | 日本鼓虾 | 赤虾 |

在人工养殖条件下,扇贝边、魁蚶内脏团、贻贝肉等水产加工废弃物也是星鲽很好的饲料。刚捕捞的或经短期冷冻保存的新鲜杂鱼虾,其蛋白质、脂肪尚未变性,维生素尚未破坏,营养价值高,应及时投喂。在投喂前最好先以淡水冲洗干净,根据星鲽在不同生长期的口径大小,切成合适的规格投喂。

投喂鲜杂鱼,因其营养比较全面,一般可不必再添加维生素或矿物质,但应注意腐败变质的鱼虾切忌使用。另外饲料品种要合理搭配,不要长期投喂单一品种,以免由于营养不全而造成养殖鱼生长缓慢、免疫力降低而发病甚至死亡。

直接投喂鲜杂鱼的缺点:一是饲料中较难加进防病治病的药物;二是长期使用鲜活饲料,养殖池水容易败坏,引发鱼病。养殖过程中需要流水量大,对于养殖取水较困难的地区一般尽量少用。

2. 软颗粒饲料

软颗粒饲料是粉料加含水量较高的原料(多为鲜鱼浆)经搅拌积压成粒而成,尽管软体颗粒饲料会污染水质,但在大规模养殖星鲽及其他鱼时,后期仍然较多使用软体颗粒饲料。软颗粒饲料一般由养殖单位自行加工,随时加工随时投喂,软颗粒饲料的黏结性和水中的稳定性较好,是目前国内鱼类养殖最常用的,效果好、成本也较低。根据山东省海水养殖研究所星鲽的养殖效果,推荐下列常规饲料配方。此配方水分含量为30%,粗蛋白55.9%,碳水化合物6%,脂肪11%。在需要进行病害防治时,可以及时根据病状加入相应的药物。

**表 5-8 自制冻鲜饲料配方**

| 原料 | 含量(%) | 原料 | 含量(%) |
|---|---|---|---|
| 鲅鱼 | 40 | $V_E$ | 0.3 |
| 鱿鱼 | 20 | 海特维 | 0.24 |
| 沙丁鱼 | 30 | 粉末 | 0.2 |
| 海力 $V_C$ 粉末 | 0.3 | 鱼肝油 | 0.1 |

软颗粒饲料的制作方法:首先将鲜杂鱼清洗干净,晾干体表水分后以专用饲料加工机粉碎,并与其他配料充分搅拌混合后压制成颗粒,然后放于冷库或冰箱短时冷冻待用。颗粒直径的大小,应

根据鱼体的规格及养殖品种的口径确定，一般有 3 mm、5 mm、8 mm、12 mm、18 mm 等规格。

软颗粒饲料的优点：一是可以随时按照星鲽或其他养殖鱼类不同生长期对各种营养元素的需求量的不同进行配料，可以加进各种防病治病的药物；二是饲料经冷冻后，能杀灭部分致病细菌；三是投喂后可短时间漂浮于水面，鱼类抢食充分，饲料利用率和饲料转化率较高，使用方便。目前国内多数有条件的养鱼单位在鱼体促肥期多使用软颗粒饲料。

3. 全价配合饲料

海水鱼类养殖所使用的人工配合饲料是按鱼类的营养要求，将各种原料按一定比例混合，加工制造而成。其营养全面，投喂方便，污染水质轻，饲料效率高，能很方便地制成药饵，同时便于机械化生产、运输和储存。由于星鲽的养殖国内刚刚开始推广，其营养研究还不完善。没有针对星鲽的专用人工配合饲料。生产上主要以牙鲆、大菱鲆的饲料作为代用饲料。养殖生产中研究发现星鲽对食物不是很挑剔，食性容易转换，工厂化养殖投喂颗粒配饵、软颗粒饲料和冰鲜饲料鱼均可。

制造鱼用配合饲料的原料有农副产品、水产加工下脚料及一些食品工业副产品。采用的配合饲料的原料需具备两个基本条件：一是原料中含有足够的营养成分、价格便宜、不易腐败变质；二是原料质量及货源供应较为稳定。国内常用的有如下几种：

(1)动物性原料

1)鱼粉：大致可分为白色鱼粉和褐色鱼粉两种。白色鱼粉以鳕鱼、太平洋狭鳕为原料，因此又称鳕鱼鱼粉或北洋鱼粉，其蛋白质含量高达 65%，脂肪含量 2%～7%，是目前较好鱼粉。褐色鱼粉的原料是沙丁鱼、鳀鱼、秋刀鱼、鲱等，其蛋白质含量 50%～55%，脂肪含量 7%～13%，智利鱼粉属褐色鱼粉。我国生产的鱼粉，多为鳀鱼粉。鱼粉含脂量较高，储存时要低温、干燥，防止其氧化酸败。

表 5-9　常见鱼粉一般成分

| 成分(%) | 水分 | 粗蛋白 | 粗脂肪 | 粗纤维 | 粗灰分 | 钙 | 磷 |
|---|---|---|---|---|---|---|---|
| 秘鲁鱼粉 | 9.2 | 64.3 | 7.6 | 0.3 | 17.4 | | |
| 日本鱼粉 | 8.9 | 66.3 | 5.9 | 0.2 | 18.4 | 5.77 | 3.0 |
| 国产鱼粉一级 | 12 | 55.0 | 10.0 | 0.7 | 23.1 | 8.0 | 3.2 |
| 国产鱼粉二级 | 12 | 50.0 | 12 | 2.8 | 27.5 | 4.6 | 3.0 |

表 5-10　常见鱼粉中氨基酸的含量(%)

| 氨基酸种类 | 苏氨酸 | 胱氨酸 | 缬氨酸 | 蛋氨酸 | 异亮氨酸 | 亮氨酸 | 酪氨酸 | 苯丙氨酸 | 赖氨酸 | 组氨酸 | 精氨酸 | 色氨酸 |
|---|---|---|---|---|---|---|---|---|---|---|---|---|
| 秘鲁鱼粉 | 2.35 | — | 2.80 | — | 2.42 | 4.28 | 1.64 | 2.36 | 4.35 | 1.35 | 3.18 | — |
| 日本鱼粉 | 2.88 | — | 2.68 | 1.42 | 2.79 | 5.02 | 2.12 | 2.68 | 5.02 | 1.17 | 3.85 | — |
| 国产鱼粉 | 2.22 | 0.47 | 2.29 | 1.87 | 2.23 | 3.85 | 1.63 | 2.10 | 3.64 | 0.82 | 3.02 | — |

2)蚕蛹:蚕蛹为丝绸工业的副产品,在国内产量较大,价格便宜,用做饲料效果较好。脱脂后的蚕蛹含蛋白质 68.6%,脂肪 6.7%,矿物质 3.6%。因其脂肪含量高,容易变质,普通蚕蛹使用前需经脱脂处理。

3)糠虾、虾糠和海水卤虫(成体):糠虾在入海河口海区产量很高,含蛋白质 70%左右(干品)。虾糠是海米加工的下脚料,价格低廉,可用作动物性蛋白原料。卤虫在盐碱滩涂海区及内陆盐湖资源丰富,近几年,饲料加工企业将其做为幼稚鱼的饲料的优质蛋白原料使用。

4)血粉:用动物的血液干燥制成,含蛋白质84%,但缺乏异亮氨酸。

另外,鱼贝类加工下脚料、动物内脏、干蚯蚓、水解羽毛等均可作为动物性蛋白原使用。

(2)植物性原料

一类是植物油粕和油饼,如花生、大豆、棉籽、油菜籽等的油粕和油饼。它们含粗蛋白较高,一般超过40%。生产养殖中,广泛开发利用植物蛋白,以适量的廉价植物蛋白代替价高的动物蛋白,是降低目前饲料成本过高的途径之一。另一类植物性原料含糖较高,如小麦、玉米、大米、高粱等,其淀粉含量在70%左右,做偏肉食性鱼类(星鲽、牙鲆)配合饲料的原料不理想,一般仅作为黏合剂使用。

(3)油脂类

油脂中除主要成分脂肪外,还含有鱼类生长必需的脂溶性维生素。对于海水肉食性鱼类来说,以鱼肝油(特别是鳕鱼肝油、乌贼肝油)最好,其次是鱼油,玉米油和大豆油等植物油最差。由于油脂易氧化酸败,通常要在成品饲料中加抗氧化剂已便于饲料储存。

(4)饲料酵母和添加剂

据化验分析,酵母蛋白质含量达45%～48%,并含有大量的B族维生素,目前已在饲料工业中广泛使用。添加剂主要有维生素、无机盐、黏合剂、诱食剂、催生长剂、着色剂。

4. 幼稚鱼微型饲料

仔稚鱼培育期间,主要以投喂轮虫、卤虫无节幼体为主,但人工培育的生物饵料,往往缺乏n-3PUFA、卵磷脂、脂溶性维生素等营养成分,而海水鱼仔稚鱼用配合饲料,是一种营养全面、能部分或全部代替天然生物饵料的微粒子饲料,故不仅要求配比合理,对生产工艺及仿生性能都有严格的要求。微粒子饲料应具备以下特点:①充分含有海水鱼所需要的营养;②在水中稳定性好,营养成分不易溶出;③易消化吸收;④仿生有浮游性及适宜的沉降速度;⑤容易摄取,大小与仔稚鱼口径相吻合。

微粒子饲料的悬浮性:一种优质微粒子饲料,应充分考虑海水仔稚鱼的生活习性,在水中像活体生物饵料一样具有良好的悬浮性,外观形状应有一定的仿生诱食性,先浮后沉,慢慢沉降,避免入水时间过长腐败的饲料被摄食而诱发疾病。见表 5-11。

**表 5-11 海水仔稚鱼微粒子饲料悬浮性试验结果**

| 生产厂家 | 山东升索 | | 林兼饲料(日本) | | 东丸饲料(日本) | |
|---|---|---|---|---|---|---|
| 型 号 | S1 | S2 | S1 | S2 | 0 号 | 1 号 |
| 粒度(μm) | ≤220 | 180～320 | ≤230 | 220～350 | ≤250 | 250～380 |
| 容积(g/L) | 481 | 513 | 462 | 585 | 498 | 650 |
| 沉降速度(cm/s) | 0.16 | 0.32 | 0.14 | 0.34 | 0.18 | 0.37 |

微粒子饲料的稳定性及诱食性:由于仔稚鱼在开始阶段,并不能主动摄食配合饲料,而且投喂量与被摄食量相差很大,故要求微粒子饲料在水中要有非常好的稳定性及诱食性。见表 5-12,见表 5-13。

**表 5-12 几种微粒子饲料对牙鲆仔鱼的诱食效果比较**

| 生产厂家 | 山东升索 | 林兼饲料(日本) | 东丸饲料(日本) | 爱乐(丹麦) |
|---|---|---|---|---|
| 饱食率(%) | 98 | 90 | 85 | 65 |
| 诱食效果 | +++ | +++ | +++ | +++ |
| 饱食时间(min) | 45 | 45 | 50 | 55 |

表 5-13　仔稚鱼微粒子饲料配方

| 原料名称 | 营养成分含量(g) |
| --- | --- |
| 诱食剂 | 1 |
| 酪蛋白 | 15 |
| 鲣鱼卵磷脂 | 3 |
| 低温鱼粉 FT | 25 |
| 鱼精粉 | 2 |
| 乌贼肝油 | 5 |
| 褐藻胶 | 0.5 |
| 混合维生素 | 8 |
| 混合矿物质 | 6 |

数据来自山东省海洋水产研究所试验结果。

5. 成鱼配合饲料

成鱼配合饲料在悬浮性上要求并不高,不同饲料用法及性能形态上的区分见表 5-14。

表 5-14　成鱼养殖饲料种类性能及用法

| 饲料种类 | 性 能 | 用 法 |
| --- | --- | --- |
| 粉末配合饲料(预混) | | 鲜活饲料预混,幼鱼用量 60%,成鱼 15%～20% |
| 湿颗粒配合饲料 | 沉性 | 直接投喂 |
| 冷冻湿颗粒饲料 | 沉性 | 多餐少食,多次 |
| 干颗粒饲料 | 沉性 | 直接投喂,也可用 15%淡水湿润投喂,效果更佳 |
| 膨化颗粒饲料 | 沉性 | |
| 软膨化颗粒饲料 | 浮性、半浮性 | |

成鱼配合饲料的配方见表 5-15。

表 5-15　成鱼配合饲料的配方示例

| 原　料 | 饲料中占含量比例(%) |
| --- | --- |
| 北洋鱼粉 | 60 |
| 鳀鱼粉 | 10 |
| 虾粉 | 3 |
| 酵母 | 3～5 |
| 混合维生素 | 2 |
| 混合矿物质 | 1.5 |
| 精制鳕鱼肝油 | 3 |
| 黏合剂 | 2.5 |
| 小麦粉 | 10 |
| 磷酸钙 | 1 |

# 第三节　星鲽主要养殖方式、设施、场地建设、养殖用水及养殖程序

## 一、主要养殖方式

目前,星鲽的养殖方法与其他鲆鲽类相似,主要养殖方式仍为工厂化养殖,少数进行网箱养殖。养殖池面积一般为 25～40 m$^2$,采用流水充气式养殖,水深一般在 40～60 cm,可直接利用自然海水养殖,也可用地下海水对自然海水养殖,或采用地下卤水和淡水

在配水池内曝气混匀后养殖，水温常年保持在11℃～21℃范围，盐度可保持在25～35，溶解氧在4 mg/L以上，pH在7.5～8.5。

## 二、养殖设备

### (一)水质净化系统

水质净化系统包括物理过滤设备、生物过滤设备和消毒设备等。

1. 物理过滤设备

(1)沉淀池：是利用重力沉降的方法从自然水中分离出密度较大的悬浮颗粒。用水量小的养鱼场，沉淀池一般修建在高位上，利用位差自动供水，其结构多为钢筋混凝土，设有进水管、供水管、排污管和溢流管，容积应为养鱼场最大日用水量的3～6倍。用水量大的养殖场则可利用海水池塘作为一级沉淀池来降低养殖成本。

重力式无阀滤池由钢筋混凝土构建，内有沙层。它具有滤水量大(一般每单元过滤能力为200 $m^3/h$)、无阀自动反冲等优点。

(2)沙滤罐：由钢铁制成外体，内装沙层。它具有滤水速度快、成本低等优点。

(3)微滤机：以孔眼细小的不锈钢丝做过滤介质，通过筛网滤除水中的细小悬浮物。

(4)蛋白质分离器：通过循环水泵与射流器的作用产生大量微气泡，在表面张力的作用下将水中的悬浮颗粒和胶质带到顶部的收集杯中排出。

2. 生物过滤设备

在封闭循环水养殖中，主要利用生物过滤器中的细菌去除溶解于水中的有毒物质，如氨等。分为生物滤池和净化机两类。其配套设施为曝气沉淀池。

(1)曝气沉淀池：养鱼池排出的污水，在未进入生物过滤器前要先通过曝气进行气体交换。曝气的目的是除去污水中气态形式的氨并使水的溶解氧达到饱和，以加快生物过滤器中细菌的氧化。另外，曝气还可祛除一部分有机酸，有助于提高养鱼系统的 pH，增强除氨效果。

(2)生物滤池：是应用最普遍的生物过滤器，它由池体和滤料组成，即在池中放置碎石、细砂或塑料粒等构成滤料层，经过过水运转后在滤料表面形成一层由各种好氧性水生细菌(主要是分解菌和硝化菌)、真菌和藻类等生物组成的生物膜，当池水从滤料间隙流过时，生物膜将水中有机物分解成无机物，并将氨转化成对鱼无害的硝酸盐。常用的生物滤池为浸没式滤池，其特点是滤料全部浸没在水中，生物膜所需的氧气由水流带入。

(3)净化机：工作原理与生物滤池相同，采用机械转动以增加过滤面积和时间。分为转盘式和转桶式净化机。通常多个串联使用，采用多级过滤的方式提高净化效率。

3. 消毒设备

养鱼系统中经过过滤的水中还含有细菌、病毒等致病微生物，因此有必要进行消毒处理。目前常用的消毒装置为紫外线消毒器和臭氧发生器。

(1)紫外线消毒器：是将紫外线灯以悬挂和浸入的方式对水体消毒。紫外线消毒具有灭菌效果好，水中无毒性物质残留，设备简单，安装操作方便等优点，目前已得到广泛应用。

(2)臭氧发生器：由空气中连续制取纯氧并产生臭氧对水体消毒。臭氧消毒具有化学反应快、投量小、水中无持久性残余和不造成二次污染等优点，也是目前常用的消毒方法。

4. 增氧设备

增氧机：具有风量大、风压稳定、气体不含油污等优点，但其气源来自未经过滤的空气，含氧量低，养鱼密度小。

制氧机：可以由空气中制取富氧(含氧量大于 90%)或纯氧，并直接通往养鱼水体中达到增氧的目的，养鱼密度高。

### (二)其他配套设施

其他配套设施包括变电设备、检验室、办公室、宿舍以及必要的运输车辆等,根据养鱼池的容积、鱼池数量及进排水管道直径配备。另外,需配备鱼池充氧机及饵料加工设备和小型冷库。为防止停电,还应配备小型发电机组,发电能力应能满足同时抽水和增氧的需要。

## 三、养殖管理

工厂化养殖是指在毗邻海边或有地下咸淡水资源陆地建立水、电、暖配套(一般还需配备饲料加工、冷冻、储存等设施)、以室内水泥池(或玻璃钢、帆布水槽)作为养殖容器的养鱼车间,进行高密度、集约化、严格技术管理的养殖生产。该养殖系统的核心关键是水质处理,水质的优劣决定了养鱼的成败。这是当今先进的养殖方式,属于高投入、高产出类型,具有占地面积小、单位水体产量高、受自然环境影响小、效益较好的优势。但一次性投资大、生产费用高、管理严格、技术性强,由于水质净化设备繁多,而每一个环节又与整个系统的净化效果密不可分,因此养殖管理的核心是保证系统的正常运行,故适合资金雄厚、技术力量强、管理经验丰富的企业生产。

工厂化养殖的放养密度与养殖鱼的种类和设施净化能力密切相关。设施完备的封闭式循环流水养鱼系统养殖密度可达 40～50 $kg/m^3$,而一般的开放式流水养鱼系统养殖密度为 10～15 $kg/m^3$,应尽量投喂优质干颗粒配合饲料,从而降低系统的工作负荷,保证水质的净化效果。注意观察鱼的活动状态和生长状况,适时的按不同规格分选鱼苗。根据养殖池底的污浊程度及时吸底排污,经常对使用的工具、容器、通道等进行消毒灭菌,防止疾病的发生。

目前,工厂化养鱼场在国内发展较快。据不完全统计,仅山东省工厂化养鱼场就有 499.6 $hm^2$，并且养殖面积仍在逐年增加。年产各种高档海水鱼（主要有牙鲆、大菱鲆、大西洋牙鲆、漠斑牙鲆、星鲽、石鲽、半滑舌鳎、塞内加尔鳎、河鲀、美洲黑石斑鱼等）50万吨。由于市场价格的导向，目前工厂化养殖的鱼类品种主要是大菱鲆、鲽类（星鲽、川鲽）、半滑舌鳎，星鲽是近几年来新兴的海水鱼品种，以拥有胶原蛋白含量高、肉质好、口感佳、生长速度较快等优秀品质而被称为“梦幻鱼类”，受到广大消费者和养殖者的珍爱。

利用现有育苗场或热电厂冷却水改建工厂化养鱼车间，可大大减少一次性投资，从而降低养殖成本，有利于提高经济效益。

1.放苗前的准备

若使用刚建成的水泥池养鱼，在苗种放养前应先用水反复浸洗冲刷。若时间太紧，可在浸池时加少量盐酸浸泡，待 pH 值达到正常值（一般为 7.8～8.67）后便可放养。使用过的鱼池，在放苗前应先以漂白粉或高锰酸钾消毒后再使用。注意检查好排水管的孔径，必要时可用相应网目的筛网包裹排水管，以防小规格鱼苗随水流出或被管缝挤伤。

2.鱼苗的选择及运输

（1）鱼苗的选择：养殖生产的成败与苗种的健康状况有很大的关系。目前养殖用条斑星鲽苗种主要是国内育苗单位人工培育的苗种，少量为进口鱼苗。有水产苗种许可证原良种场的地区，尽量选择原良种场。在购买苗种时应注意以下几方面的问题：健康的条斑星鲽苗种应体色鲜亮，背部黑褐色或墨色，腹部灰白色，对声、光反应灵敏，目测较肥厚，体形正常；而体色发暗、鳍有残缺、受伤发红、溃烂、鱼体瘦弱或身体弯曲、口部不能正常开合等畸形症状和体表或鳃部有寄生生物、反应迟钝者为不健康苗种，在购苗时应注意剔除。另外，条斑星鲽苗种的规格尽量要求 8 cm 以上同批或时间相近的大小规格整齐苗种，“老头苗”即使是体质健康，由于后期生长太慢也无养殖意义，应弃掉。对位于濒繁发生纤毛虫病害

地区的苗种培育单位，应特别注意镜检苗种的携带，如发现携带病害则坚决不购买。

(2)鱼苗运输：传统运输方式为水船运、水车运(商品鱼)、空运。目前主要采用泡沫箱内装塑料袋充氧运输。其优点：①运输方便、灵活，可采用各种运输工具，对颠簸路途适应性好；②损伤轻、鱼苗成活率高，一般容量 20 L 的塑料袋装清洁海水 1/4～1/3。袋内水温根据路途的远近和养殖水温的情况而定，冬季气温低时，应注意保温，可以用 12℃～14℃的海水运苗，路途远时间长、夏季气温高时，最好用保温车，运输前将水温降至 10℃～12℃。装鱼苗后充足氧气，扎紧口放入泡沫箱，用胶带将泡沫箱封口。根据运输路途的远近，调整塑料袋内的装鱼数量。一般 4 h 以内的路程，每袋可装 6 cm 的苗种 200～300 尾，4～6 h 的路程可装 200 尾，6～10 h 的路程可装 6 cm 的苗种 100～150 尾。

3. 放养密度

鱼的放养密度与生长速度均与饲育条件有直接关系，特别与换水量和水质状况有密切关系。换水量大、流水条件好的养鱼池，可适当加大放养密度。在同样条件下，放养密度大的生长较慢。因此，适当降低放养密度能加快鱼的生长速度和减少疾病的发生。但密度太小则养殖的产量降低，经济效益下降，实际放养密度应根据当地的实际海况及本单位的生产情况，因地制宜的分析确定。以单位养殖面积放养鱼体重来表示，一般体重 10 g 以下的鱼放养密度在 2 $kg/m^2$ 以下，10～50 g 的在 2～5 $kg/m^2$，50～100 g 的在 5～10 $kg/m^2$，600～800 g 的在 10～20 $kg/m^2$。见表 5-16。

放养中应注意的几个问题，为防止异地病原带入，鱼苗放养前，应用 $5\times10^{-6}$～$8\times10^{-6}$ 的高锰酸钾溶液药浴 5 min，以杀灭鱼体寄生虫和防止受伤鱼苗细菌感染。入池前要提前调整池水温度，使其入池时温差在 2℃以内，盐度范围为 26～33，要用 $5\times10^{-6}$～$10\times10^{-6}$ 的土霉素药浴 2～3 d，每天 1 次，每次 2 h。操作过程中应尽量避免损伤鱼体。同一鱼池中放养的鱼苗规格应基本一致,尽量避免大小悬殊。

表 5-16　室内水池条斑星鲽的放养密度(仅供参考)

| 养殖时间(月数) | 全长(cm) | 体重(g) | 放养密度 | |
|---|---|---|---|---|
| | | | 尾/平方米 | $kg/m^2$ |
| 放苗 | 8.5 | 12 | 300 | 3.6 |
| 6 | 23.2 | 186 | 100 | 18.6 |
| 12 | 28.5 | 385 | 50 | 19.25 |
| 23 | 35.2 | 900 | 30 | 27 |
| 32 | 43 | 1 875 | 8 | 15 |

条斑星鲽属于底栖鱼类,鱼群体具有较强的聚群及相互叠压的生态特性,饱食后,大部分时间栖息于池底,所以养成密度也可以根据鱼体占据的面积和水池中放养覆盖面积来计算放养尾数。5 cm 鱼苗 500～600 尾/平方米,10 cm 鱼苗 200～300 尾/平方米,15 cm 鱼苗 100～150 尾/平方米,20 cm 鱼苗 35～45 尾/平方米,30 cm 以上商品鱼 20～30 尾/平方米,随着生长及时分苗、分池,作为亲鱼培育密度为 2 kg/平方米。养殖单位可参考以下几个公式计算:

体重＝0.012×(体长)$^3$

体长＝(体重÷0.012)$^{1/3}$

鱼体面积＝0.29×(体长)$^2$

放养面积率(%)＝平均鱼体面积×放养尾数÷水池底面积÷100

放养尾数＝水池底面积÷平均鱼体面积×放养面积率

一般水泥池中放养面积覆盖率,分池时以 80%～90% 为宜,但夏季高水温期最好在 40%～60% 的范围。

4.分选与移池

星鲽养殖过程中虽然互残现象很少，但随着生长，个体增长的差别逐渐加大，如不进行分选移池，同一池中常造成小个体鱼难以摄取饵料而生长缓慢，降低了养殖效率；同时，养殖密度越来越大，养殖池的空间逐渐不能适应其生长的需要。因此，需要及时进行规格筛选和苗种疏养，以调整池中的规格和养殖密度保障星鲽的正常生长需求。在养殖过程中，第一次规格筛选和疏苗，可在放苗后 30～45 d 进行，以后的规格筛选和疏苗可结合移池进行。春秋季 20～25 d 移池一次，夏季 15～20 d 移池一次，冬季 30～35 d 移池一次。鱼苗大小分选移池不仅可以防止互残，便于进行饲育管理，而且池内的水质环境也得到了改善。在日常管理中，发现池中个别规格差别大的，可随时将其捞出放入规格相近的池中。养殖实验对比结果，前期幼鱼生长快，分选移池和不分选幼鱼的日生长速率和死亡率相差非常明显。分选移池工作应安排在夏季水温达到 20℃以前进行，水温高，鱼耗氧多，应激反应强烈，易死亡且易受伤感染，因此，切忌高水温进行鱼苗分选和日常管理移池等。因分选工作通常需降低池水位进行，且有时需要较长时间，所以应特别注意工作期间不能缺氧，采取的措施可以在水位降低后，边流水边工作，同时加大充气量。一个养殖池最好一次分选完，不能连日分选。

另外，进行规格筛选和移池时，要注意以下几个问题：①饱食时，鱼的胃部膨胀，外部刺激受惊，应急反应强烈容易受伤死亡，筛选移池前要提前停食 12 小时，使鱼处于空胃状态；②筛选移池操作要细心，动作轻快，避免鱼体受伤、掉鳞，引起外部病菌感染；③测量鱼体全长，确定每池养鱼的数量，做好筛选、分池记录；④每分选一次要进行一次药浴，方法是使用浓度为 $30\times10^{-6}$ 的聚维酮碘药浴 10～20 min，防止细菌感染。

星鲽在工厂化养殖条件下生长较快，烟台百佳水产公司 2003

年 12 月至 2004 年 10 月，历时 11 个月将平均全长 10 cm、平均体重 12 g 的条斑星鲽鱼苗养成平均全长 33 cm、平均体重 385 g 的规格，成活率 99%。星鲽工厂化养殖生长情况见表 5-17、表 5-18。

**表 5-17　2003 年 12 月～2006 年 10 月条斑星鲽养殖结果**

| 初始时间 | 培育时间(月) | 培育水温(℃) | 平均体重(g) | 成活尾数 | 成活率(%) |
| --- | --- | --- | --- | --- | --- |
| 2003.12.1 | 6 | 14～21 | 186 | 4 990 | 99.8 |
| 2004.12 | 12 | 14～21 | 400 | 4 950 | 99 |
| 2005.11 | 23 | 14～21 | 900 | 4 930 | 98.6 |
| 2006.10 | 32 | 14～21 | 1 875 | 4 900 | 98 |

**表 5-18　养殖条斑星鲽体长、体重实测值**

| 时间 | 平均体长(cm) | 平均体重(g) |
| --- | --- | --- |
| 2003.12 | 8.5 | 12 |
| 2004.5 | 23.2 | 186 |
| 2004.10 | 28.5 | 385 |
| 2005.11 | 35.2 | 900 |
| 2006.10 | 43 | 1 875 |

以上数值均据烟台百佳水产 2003～2006 年养殖数据。

生长与饲料效率：星鲽的生长与水温关系密切，生存水温 3℃～23℃，摄食水温 6℃～22℃，适宜水温 10℃～20℃，最适水温 15℃～18℃。因此，春、秋两季温度合适时可以利用自然海水养殖，以节约成本。据山东省烟台百佳水产公司养殖试验结果显示，在适宜的养殖条件下，满 1 龄的星鲽雌雄生长状况并无很大差异，平均体重 400 g，1 龄后，雌、雄生长差异较大，雌鱼增重率达 111.6%，而雄鱼却只有 53.2%。因而，目前日本、韩国相继开展

全雌化星鲽苗种生产。我国近几年在星鲽的杂交与全雌研究方面有较大的进展。

星鲽的饲料效率也随季节、环境和鱼体的大小规格的不同而有很大差别，一般情况下，国内星鲽养殖的饲料效率为20%～40%，饵料系数为1.2%～1.5%。日本研究证明星鲽仔稚鱼的饲料效率在15.1%～67.8%之间，平均为52.9%。

5.水质管理

星鲽工厂化养殖主要采取流水换水方式，养成期间的水质管理及水质资源的利用与仔稚鱼培育相似，除定时测定水温外，有分析化验条件的，最好每天化验检测饲育水的溶解氧、盐度、pH值、硫化物的含量、氨氮浓度等，其中最重要的是溶解氧和氨氮浓度的测定。饲育水质好坏的调节主要通过换水量来控制。换水量的大小可与水温成正比，一般水温在18℃以下时日换水率保持在500%～1000%，并要根据养殖密度及供水情况等综合考虑，以制定适宜的换水量。水温超过18℃时需要加大换水量；当水温长期处于22℃以上时要立即采取降温措施，以防个体大的星鲽充血死亡。每天投饵完毕1 h后要拔掉中央排污管，迅速降低池水水位，并使池水快速旋转，以此彻底改良池内水质，并带走池底大量的污物和残饵。

水深：星鲽属于平面养殖种类，水位不宜太高，一般正常养殖保持在50～60 cm的水位即可。如果采用换水式养殖方式其水位应保持在80～90 cm，并加大充气量，以维持养殖池水质的相对稳定。药浴和排水换水时，水深可短时降至15～20 cm，以便于药浴的疗效和水质的清新。由于养殖池的水位不高，养殖用水经过沉淀、沙滤，水质清澈，要求养殖池中透明度大，水清见底。

换水及清洗养殖池：养殖中的换水方式和换水量与水温、养殖密度有关。当水温高、养殖密度大时，换水量也相应的大。当水温在8℃以上时，采用长流水的方式换水，日换水率为400%～

600%;夏季当水温在20℃以上时,虽然星鲽摄食量减少甚至不摄食,但是还应及时采取增大换水量的措施,防止室内气温将水温升高,日换水率为600%～800%;冬季当水温降至8℃以下时,星鲽摄食量减少,水体中病原生物繁殖力下降,可采取定时排水换水的方式,日换水率200%,节约用水量。采用地下水养殖时,日换水率长年可保持在300%～500%。每天除投饵后人工拔掉中央排污管排除残饵及污物外,应每天早晚定时排污两次。

养殖20 cm以下苗种时,由于中央排污管网孔小,排水排污不彻底,可以通过吸底器将污物吸出,要求每日清洗吸污一次。养殖20 cm以上的星鲽,可以通过正常排换水的力量将池中的污物排出,春秋季20～25 d清洗池底一次,夏季高温时15～20 d清洗池底一次,冬季低温时水温低可减至30～35 d。清洗池底安排在人工排水时进行,在排水时用塑料刷子轻推池底,将污物顺势推向中央排水口,随水流排出。并用浓度为$10\times10^{-6}$～$20\times10^{-6}$的漂白粉或漂白液将池壁上沉积黏附的污物进行消毒杀菌。

6.饲料及投喂

星鲽工厂化养殖所使用的饵料种类与其他工厂化养殖鱼类所使用的饲料种类没有什么差别。关于星鲽营养的研究尚未开展,目前主要采用大菱鲆及牙鲆的配合饲料体系。幼鱼在全长8 cm以前投喂相应粒度的干、湿颗粒饵料,有条件的地方可投喂大卤虫,鱼体全长达到10 cm以上,除可继续投喂上述饵料外,可逐渐增加配合干、湿饲料的比例。15 cm以上星鲽成鱼的饵料主要用鲜活或冷冻杂鱼、虾自制湿饵料或干颗粒饵料。

在投喂鲜杂鱼时,可不加维生素,但在投喂干湿颗粒饲料时,最好添加部分维生素,以避免产生维生素缺乏症。

投饵次数及投饵量:幼鱼期每天投喂4～6次,鱼体重100 g前后每天3～4次,400 g以后每天2次,在水温低于8℃时或高于20℃时,星鲽摄食不良时可适当减少投饵次数及投饵量。另外,在

进行药浴时也要减少投饵次数或停饵，尤其在药浴前应当禁食。

幼鱼期一般日投饵量为体重的5%～10%，幼鱼全长20 cm，日投饵量为体重的3%～5%，夏、冬两季的高、低温期日投饵量为1%左右。具体的投饵量应每天根据鱼的健康和摄食情况来确定，原则上以下次投饵不见残饵为适宜量。在日常投饵时应注意观察鱼的摄食活跃程度及摄食量的变化，若发现摄食不良则应及时寻找原因，随时注意水质的指标变化及鱼病的苗头，并及时处理。

7.其他日常操作管理及注意事项

(1)各个养殖池最好配备专属工具，在使用前要严格消毒。

(2)工作人员在出入车间和入池之前，要对所用的工具和水靴进行消毒。每天工作结束后，车间的外池壁和工作走道也要清刷消毒。

(3)白天要经常巡视车间，检查气、水温和鱼苗有无异常情况，并及时排除隐患，夜间要有专人值班。

(4)每天要多次仔细观察鱼群的状态，状态良好鱼群常集中于池底一处或几处，若鱼在水池全面散开或四处游动，一般是状态不好；注意观察水池中的鱼有没有体色黑化、外伤或者异常游动、摄食异常等的情况发生。若发现异常情况，应及时进一步检查是否有鱼病，以便采取防治措施。发现有病鱼、死鱼时要马上捞出，这是防止鱼病蔓延的一个重要措施。

(5)定期施药预防，每间隔15 d可用$5\times10^{-6}$土霉素药物药浴5 d，每天一次。并每个月按管理要求投喂3～5 d预防性药饵。王春忠等在中草药在海水鱼养殖饲料的应用中报道，用三黄粉、黄连素、大蒜素等添加到饲料中，进行鱼肠胃炎等疾病的预防治疗，取得较好的效果。2003年在养殖实验过程中，采用山东省海水养殖研究所研制的中草药制剂“鱼复康”定期添加到条斑星鲽饲料中投喂，上述中草药制剂具有消炎、解毒、增强自身抗体的功能。试验证明效果明显，显示了中草药制剂在鱼类工厂化无公害养殖上的应用前景。

(6)定期测量生长情况,统计投饵量和成活率,综合分析养成效果。

(7)总结当天工作情况,作好值班记录,并列出次日工作内容。

## 四、场址的选择

选择工厂化养鱼场的场址应根据当地水产养殖发展的总体规划要求,场地环境符合《农产品安全质量 无公害水产品产地环境》(GB/T 18407.4—2001)的要求,水源应符合 GB 11607 的要求,养成水质符合《NY 5052—2002 无公害 海水养殖水质》的要求。

表 5-19　星鲽养殖水环境参数

| 序号 | 项目 | 标准值 |
|---|---|---|
| 1 | 色、臭、味 | 海水养殖水体不得有异色、异臭、异味 |
| 2 | 大肠菌群(个/升) | ≤5000 |
| 3 | 粪大肠菌群(个/升) | ≤2000 |
| 4 | 汞(mg/L) | ≤0.0002 |
| 5 | 镉(mg/L) | ≤0.005 |
| 6 | 铅(mg/L) | ≤0.05 |
| 7 | 六价铬(mg/L) | ≤0.01 |
| 8 | 总铬(mg/L) | ≤0.1 |
| 9 | 砷(mg/L) | ≤0.03 |
| 10 | 铜(mg/L) | ≤0.01 |
| 11 | 锌(mg/L) | ≤0.1 |
| 12 | 硒(mg/L) | ≤0.02 |
| 13 | 氰化物(mg/L) | ≤0.005 |

续表

| 序号 | 项目 | 标准值 |
| --- | --- | --- |
| 14 | 挥发性酚(mg/L) | ≤0.005 |
| 15 | 石油类(mg/L) | ≤0.05 |
| 16 | 六六六(mg/L) | ≤0.001 |
| 17 | DDT(mg/L) | ≤0.00005 |
| 18 | 马拉硫磷(mg/L) | ≤0.0005 |
| 19 | 甲基对硫磷(mg/L) | ≤0.0005 |
| 20 | 乐果(mg/L) | ≤0.1 |
| 21 | 多氯联苯(mg/L) | ≤0.00002 |

同时还应注意苗种与饵料资源较丰富，技术、劳力、物力充裕，通信、交通方便，电力、淡水供应充足，建场省工省料。在养殖密度大，已超过海区的负荷能力，导致海水富营养化，生态平衡遭到破坏的地区，则不能继续建场。

1.取水点海水的理化指标

应远离污染源，取水海区盐度在25～32之间，水温变化速度较慢、幅度较小，溶氧充足，透明度高，无赤潮和污染，风浪较小，水深较大等。建场地点应尽量靠近取水点，在养鱼池能顺利排水的前提下，养鱼池与海平面的高度差越小越好，以便最大限度的节省电费，降低生产成本。此外还应考虑到交通、通讯及供电方便，不易受台风危害、安全可靠、便于管理等方面。有些养鱼场在建场前没有进行严格的论证，有的场址与取水点间的距离长达几千米，有的水位差高达100 m，使生产成本大大提高，给以后的生产经营造成了无法克服的困难。

2.养鱼车间及鱼池结构

养鱼车间是建在陆地上的养鱼设施，厂房多为双跨、多跨单层,跨距一般为 9～15 m,车间墙壁有砖石结构和简易玻璃钢或石棉瓦结构等。房顶有钢框架、木竹框架,屋面遮光保温材料多为玻璃钢瓦、塑料布、无纺布或棉毡等。墙壁和屋顶开窗,室内光照没有严格的规定,一般夏晴天正午时以不超过 1 500 lx 为宜。也可用塑料薄膜或 PVC 布覆顶,顶上覆盖草帘,进行人工光照和温度调节。

鱼池为混凝土结构、砖混结构或玻璃钢水槽。鱼池的形状有方型、圆型、八角型(方型抹角)、长椭圆型等。方型池具有地面利用率高、结构简单、施工方便等优点,圆形池无死角,鱼体游动转弯方便,鱼和饵料在池内分布均匀,圆形或八角形池的养殖效果较长方形池好,目前多数采用此种池形,水槽底面积 30～50 $m^2$,用于星鲽等群居性伏地较强底栖性鱼类养殖的鱼池,深度一般要求 50～60 cm,以便节约养殖水体,提高水体利用率。排水口位于鱼池中央,其上安装多孔排水管,池底呈锅底形,由池中央逐渐倾斜,坡度在 5%～10%。池边进水,中央排水,沿池周向同一方向注水,可使池水循环流动,从而使水旋转,将残饵、粪便等污物从中间排水管排出,各池的废水均流入排水沟内,然后流出养鱼车间(图 5-1)。

**图 5-1 养鱼车间示意图**

3.供水及水处理系统

养殖用水水源有自然海水和深井海水两种。有条件能打出深井海水井的，可以优先利用优质的深井海水进行养殖，进而节约能源、降低成本。深井海水井的水量必须能够满足车间用水的需求，井水的水温、盐度、氨氮、pH 值、化学耗氧量、重金属离子、无机氮、无机磷等水质理化指标要符合《NY5052—2002 无公害养殖海水养殖用水水质》标准的要求。常见含量超标的金属离子有铁离子和钙离子，如果二价铁离子（$Fe^{2+}$）含量较多（加漂白粉后水发红），氧化后变成胶絮状的三价铁离子（$Fe^{3+}$），水质浑浊，鱼鳃容易附着污物，鱼池及用具被染红。如果钙离子（$Ca^{2+}$）含量较多，池中及鱼鳃上有颗粒状附着物，鱼生长受阻，严重时引起死亡。由于地下水严重缺氧，必须设立曝气装置，使溶解氧达到 5 mg/L 以上，否则会导致养殖鱼类摄食量减少，生长减慢，容易发生各种病害。

供水系统包括水泵、水质净化系统、供排水管道等，需根据用水量确定水泵等设备的功率、数量及输水管道直径。

工厂化养鱼采用的是高密度、集约化生产方式，无论是进行人工育苗还是成鱼养殖，不仅用水量大，而且对水质的要求也比较严格。特别是人工育苗和鱼种培育用水，要求海水浑浊度（即单位水体中所含泥沙微粒及其他悬浮物的质量）不超过 5 mg/L，我国沿海适养海区的海水浑浊度均超过此值，因而均需经过沉淀过滤。以往，海水育苗单位多使用混凝土或钢制沙滤罐进行海水过滤，这种过滤系统不仅出水量少，而且需要人工检测水处理状况，人工操作进行反冲、清淤。此过滤系统操作繁杂，水质没有保证，无法满足工厂化养鱼场流水养鱼大量用水的需要。目前养殖用水的水处理方式一般多采用重力式无阀滤池，具有滤水量大（一般每格过滤能力 200 $m^3/h$）、水质有保证（浑浊度在 5 mg/L 以下）、无阀自动反冲等优点，此方式一般应用于水质清澈的海区，其工作原理简单介绍如下：

海水由进水管进入进水分配箱，再由U形水封管流入过滤池，经过过滤层自上而下的过滤，过滤好的清水经连通管升入冲洗水箱储存。水箱充满后进入出水槽，通过出水管流入养鱼池或蓄水池。滤层不断截留悬浮物，造成滤层阻力的逐渐增加，因而促使虹吸上升管内的水位不断升高。当水位达到虹吸辅助管管口位置时，水自该管落入排水井，同时通过抽水管借以带走虹吸下降管中的空气。当真空度达到一定值时，便发生虹吸作用。这时水箱中的水自上而下的通过过滤层，对滤料进行自动反冲。当冲洗水箱水面下降到虹吸破坏斗时，空气经由虹吸破坏管进入虹吸管，破坏虹吸作用，滤池反冲结束，滤池自动进入下一个周期的工作。整个反冲过程大约需要15 min。

## 五、星鲽的网箱养殖

海水网箱养鱼，是一项新兴的养殖方式，它具有投资大、效益好、创汇高的特点，是开发利用港湾发展养鱼生产的生态环保模式。我国开展海水网箱养殖，是从1979年广东省珠海市率先在海上进行网箱养鱼实验开始，由于其比邻港澳的区域优势，网箱养鱼发展迅猛。从20世纪80年代开始，福建、海南、浙江、山东等省相继开展了网箱养殖，并发展成一定规模，取得了较好的效益。

1.网箱养殖星鲽鱼的优点

(1)投资小、成本低：网箱养殖鲆鲽鱼类的投资成本仅不足陆地工厂化养殖投资的1/50，同时在养殖过程中，由于无需抽水、充气等机械设备和能耗，生产成本较低。

(2)生长速度快：网箱养殖鲆鲽鱼一般比同期陆地工厂化养殖的速度高1倍。

(3)活力好、体色好：由于网箱内环境好，再加上自然光照，因此在网箱养殖的鱼活力和体色均接近野生鱼类，运输成活率高，商品价值也随之增高。

（4）发病率低：由于网箱内水质较好，鱼的粪便和残饵能及时被水流带走，养殖鱼体健壮，病害较少，成活率大大提高。网箱养殖如果投放大规格无病害苗种，成活率可达到98%以上。

日本开展网箱养殖星鲽较早，且技术经验成熟。目前国内北方沿海的网箱养殖多以许氏平鲉、大泷六线鱼为主要养殖品种，而星鲽的网箱养殖尚处在初试阶段。星鲽的网箱养殖应选择表层水温最高不超过23℃、水深应达到8～10 m、水质良好无污染、潮流平稳、能避风浪的峡湾或岛屿中间的水域。网箱规格为3 m×3 m×4 m、4 m×4 m×4 m、5 m×5 m×5 m均可，平底。

2. 养殖海区的条件

星鲽的抢食能力不强，摄食慢，摄食时间长，要求养殖海区的水流畅通、缓慢，流速小于0.5 m/s较为适宜，同时要求海区波浪小、避风。投喂小鲜杂鱼或配合饲料，饲料来源方便，最好附近有张网作业和冷库，鲜活和冷冻杂鱼较易获得。交通、通讯便捷。

在北方，夏秋季最高海水水温不高于26℃时，网箱养殖不受高水温限制。星鲽在水温2℃以下时，生长不良，当冬季海水水温低于3℃时需要采取越冬措施。星鲽可以在盐度10以上的海水中生活，因此要求海区的盐度在10以上。星鲽喜一定的光照，但不能太强，海水透明度在1 m左右即可。

3. 苗种放养

星鲽网箱养殖要求的苗种规格全长在10 cm以上。星鲽生长速度比较快，网箱养殖全长15 cm以上的苗种，当年即可达到上市规格。所以，网箱养殖应放养大规格的苗种为宜。而养殖密度适当降低，也有助于当年养成出售。

所放养的苗种要求体色正常，健康无病害，鳞被完整，体表无外伤。苗种在放养之前，应预先测定苗种场和养殖海区的水温、盐度，差别大时注意调节。苗种运输前应停食1 d，减少运输伤亡。

放入网箱前，应对苗种进行药浴消毒，聚维酮碘药浴浓度为

$10\times10^{-6}\sim20\times10^{-6}$，药浴时间为 2 h。鱼苗放养时，应尽量选择晴天、风浪小的天气，时间选择在上午 9 时以前或下午 4 时以后，避免强光下操作，以免放养苗种受惊游动而造成损伤，也有利于其尽快适应环境。全长 8～10 cm 的苗种，可参考放养 350～450 尾/平方米；10～20 cm 规格的苗种可放养参考量 200～240 尾/平方米，全长 20 cm 的大规格苗种可按照 80～100 尾/平方米放养。

4.网箱养殖的管理

(1)网箱环境、规格筛选及更换网箱：应保证养殖环境的安全性，注意防范偷鱼行为。检查网箱的完整性，防止发生网箱破损，鱼苗逃逸。还应注意生产、管理人员的人身安全，在生产中防止操作人员溺水、遭遇风浪受到伤害等现象，避免造成人员伤亡事故。

日常管理中要定期刷洗网箱，保持网箱的整洁和网眼的通畅。随着鱼体的生长，根据大小、生长差别，需要进行规格筛选，疏稀养殖密度，并更换网眼大的网箱，以提高网箱中水的交换能力，满足鱼生长之需。

(2)投喂管理：星鲽摄食速度慢，抢食能力差，投喂饲料时要有耐心，每批饲料投下后间隔一段时间再投下一批，使摄食饲料的时间相对长一些。否则部分鱼摄食不足，影响正常生长。星鲽能吞下粒径很大的饲料，所以要根据星鲽的生长及时调整饲料大小、促进星鲽摄食。星鲽一般在水的中下层摄食，饲料应为半沉性饲料。

水温在 10℃以上时，可以根据星鲽的摄食率正常投喂，每日投喂 2 次，早、晚各 1 次，随水温的变化适当调整投喂量。当水温 6℃～10℃时，星鲽摄食量下降，应适量减少投饵量。6℃以下时，每日观察鱼的活动情况投喂 1 次，甚至不投喂或隔天 1 次。当遇到大风、大浪等天气，海水发浑时，应适当减少投喂量或不投喂。另外，星鲽的摄食量与个体大小、水质情况密切相关，投喂量需要根据鱼的摄食情况、当时的水质状况自己灵活掌握。各种饲料的日投喂量可参见陆地工厂化养殖的投喂量。

## 六、养成收获

星鲽养殖到规格达 500～1000 克/尾，即达到活鱼销售商品规格。工厂化养殖在室内水泥池中进行，成鱼起捕方便。起捕前将养殖池的水位降低，起捕人员着水靴或水裤进入池中，用平面抄网将鱼抄出，轻放入盛鱼的容器即可。

起捕需要注意以下几个方面：①在成鱼起捕上市前，如使用过鱼药，应有一定的休药期（常规鱼用药物的半衰期为 1～3 个月），以保障商品鱼药物残留符合食品安全卫生标准；②起捕前一天停食，使鱼体肠胃排空，提高鱼体长途运输的适应力和运输成活率；③高温期起捕最好选择早、晚进行，并提前将池水水温降到适宜运输要求的范围，防止临时降温过快，温差大，引起鱼的体质下降，增加运输死亡率；④起捕时操作要仔细，动作要轻快，避免鱼体受伤；⑤在向鱼箱或鱼袋中装鱼时，应注意将鱼的正面向上。如果腹面向上时，运输中鱼会因呼吸困难死亡。

## 七、活鱼运输

活鱼运输是鱼类养殖生产和消费的中间环节之一，根据需求，把正常生活着的不同规格的星鲽，从一个地方运输到另一个地方，以向生产单位和市场提供苗种、亲鱼以及鲜活食用鱼。活鱼运输在生产经营上十分重要，只有通过运输才能使养殖生产出来的鱼成为真正的商品，也才能体现其经济价值。

### （一）原理

1. 低温活运

鱼类和其他冷血动物一样，当生活环境温度降低时，新陈代谢就会明显减弱。当环境温度降到最低点，鱼进入休眠状态。因此在其水温区内，选择适当的降温方法和科学的运输条件，就能使星鲽脱离原有的生活环境后，仍能存活一个时期，达到活鱼运输的目的。星鲽活体运输的适宜温度为7℃～10℃。在高温季节运输活星鲽时,需要预先降低水温。

2.增氧活运

不管采用什么容器活运星鲽,由于受到运输费用的制约,运输密度都必须加大到最大容纳量,因此必需充氧运输,以保证活鱼在运输途中对氧的需求。以纯氧代替空气是增氧最常用的办法,专用的活鱼运输车装备有增氧系统,可充分供氧。

3.影响活鱼运输存活率的因素

(1)鱼体的状况:鱼体的健康状况与运输的存活率有密切关系,一般病鱼、体质弱的鱼运输的存活率很低,在运输过程中会大批死亡,尤其是运输苗种必需在运输前进行体质检查,要剔除病鱼和体弱的鱼。饱食的鱼在运输中死亡也较高,因此,在起运前1天要停食,使其成为空胃,可以提高存活率。

(2)温度:鱼的活动与温度有密切关系。水温升高,鱼的活动加强,运输中容易碰撞受伤,严重时,性情急噪而死亡。水温升高还会加速有机物质的分解,造成水中缺氧和水质败坏。水温降低,鱼的耗氧量减少,运输密度可以相应提高。

(3)水质:运输活鱼要用清洁的沙滤水,pH值为8.1～8.2,不含有毒物质、油污等。

(4)运输密度:在不影响成活率的前提下,运输密度越高,每尾鱼的运输成本越低。具体每次的运输密度,应根据路途远近、气候条件、个体大小、鱼体质量等具体情况而定。据试验,设备齐全的活鱼运输车,在水温4℃～5℃条件下,每立方米水体装运100 kg,历时20 h成活率可达99.5%,历时30 h成活率99%,历时40 h成活率98%;每立方米水体装运120 kg,历时20 h成活率97%,历时30 h成活率95%,历时40 h成活率90%。

(5)操作:在捞取活鱼、称重、装箱等过程中,避免使鱼体受伤,受伤重的鱼在运输过程中死亡高发,轻伤鱼也易感染疾病,尤其是

在运输鱼苗中更要注意。

(6)运输时间:星鲽的活运,从装箱到抵达目的地开箱,时间最好在10 h以内。时间过长,鱼经过长时间的颠簸,加之氧气的不足,易造成死亡。

**(二)海水活鱼运输概况**

日本是活鱼运输最发达的国家,有比较先进的活鱼运输设备,建立了一套活鱼营销网络,活鱼进入市场后,能很快提供给消费者,因此日本的活鱼销售量每年均保持在较高水平。到20世纪90年代日本仅活鱼运输专车就达2000多辆。目前,雅马哈公司正在开发大型活鱼运输系统,活鱼箱容积也由5 t向10 t发展。

日本下关技术合作公司开发一种不需要传统水箱的活鱼运输系统。该系统有一只运鱼柜和一套制冷设备,装于一辆4 t的卡车上。运鱼柜内置有多孔垫,将鱼置于垫上,垫内含有特制的药水,鱼柜中有少量的循环水,温度和湿度保持一致,垫上的鱼处于休眠状态,这样就能长途运输。在运输活鱼的实验中,20 h内存活率为95%。该系统因无大水槽,所以不存在剧烈颠簸的问题。该装置除卡车外也能装在飞机和船舶上。我国海水鱼的活鱼运输近几年有了长足的发展,山东生产的鲆鲽鱼几乎全部通过活鱼运送到南方及上海、北京等中心城市销售,这不但丰富了当地的市场,而且刺激了山东鲆鲽鱼养殖生产。经过几年的努力,在鲆鲽类活鱼运输方面已经积累了丰富的经验。

**(三)星鲽鱼的活运操作**

(1)提高体质:当星鲽鱼规格350～400 g时,应适当增加维生素的添加量,特别是维生素C可以提高运输过程中鱼对机械损伤应激反应的抵抗能力。

(2)停食:星鲽在运输前必须停食,使星鲽鱼的胃含物彻底排空,这样一则可以减少运输过程中因排泄物污染,特别是因不适而引起鱼的吐食,减缓水质败坏程度,从而减少水中化学耗氧量;二则由于胃肠内无食物，在装运过程中不易引起内脏的损伤，可减少死亡率，提高成活率。停食时间 24～36 h，冬季水温较低，摄食量小（越冬水温一般 8℃～10℃），停食只要超过 24 h 就基本达到要求；春秋两季停食 36 h 比较适宜。例如，在水温较高的情况下，鱼类代谢较快，若停食时间超过 7 d，体内积蓄的能量消耗过大，活力下降，运输成活率不能保证。

(3)降温：根据鱼类的生理温度，采用降温方法使鱼处于"半休眠"或"完全休眠"状态，降低星鲽鱼的新陈代谢速率，降低有限水体中化学耗氧量、生物耗氧量，减少机械损伤，延长存活时间。装运前应先将养殖池水温降至 10℃，运输过程中水温保持至 7℃～8℃即可。鱼类虽然各有一个固定的生态冰温，但当改变了原有的生活环境时，易产生应急反应，导致死亡。因此采用缓慢梯度的方法较为适合，并可提高其存活率。

## 第四节　活体饵料培育技术

活体饵料是指海水中天然生长或人工培养的微生物、浮游植物和浮游动物。饵料的营养成分、种类的搭配投喂能否满足苗种的需要，是影响苗种成活率的一个重要因素，因此应针对仔、稚、幼鱼不同发育阶段对饵料的要求，在育苗开始以前将相关饵料准备充足。

### 一、单胞藻类的培养

地球上单胞藻的种类很多，其中仅海洋微藻就达几万种，迄今在我国水产养殖上开展应用的海洋微藻已有 20 多种，最常见的有扁藻、中肋骨条藻、小新月菱形藻、牟氏角毛藻、三角褐指藻、塔胞

藻、绿色巴夫藻、小球藻、微绿球藻、钝顶螺旋藻、湛江等鞭藻及球等鞭藻等。

1.影响单胞藻生长繁殖的因子

影响因子主要有光照、温度、盐度、溶解气体、营养盐、pH 值和其他生物等，只有各种因子在其适宜的范围内，单胞藻才可能良好的生长与繁殖。单胞藻和所有的绿色植物一样，只有在光照条件下，并且光照强度高于补偿强度时，光合作用才能占优势，而各种单胞藻类有各自不同的适应光强度范围。各种单胞藻又有一定的温度、盐度、pH 的适应范围和耐受限值，超过耐受限值就会引起单胞藻的死亡。对于营养盐，不同单胞藻所需要的种类和数量也有差异，因而应根据单胞藻种类的不同，选择使用不同的营养液配方。单胞藻在光合作用中对二氧化碳的吸收以游离二氧化碳为主，水中二氧化碳的不足会影响光合作用的效率。单胞藻的生长繁殖除受环境的理化因子影响外，还受生物之间相互关系的影响，因此要防止细菌、原生动物等生物对单胞藻的污染。

单胞藻的生长具有一定的规律性，可划分为几个时期：藻种接种后的延缓期，接种后快速生长的指数生长期，随着培养液中营养的消耗而出现的生长相对下降的相对生长期，藻类生长达高浓度时因限制因素上升转入的静止期以及出现细胞数减少、细胞衰老死亡的死亡期。根据这一规律，在单胞藻类的培养中必须注意选用指数生长期的藻类作藻种，接种密度尽量提高，以保持其生长优势，并选择晴天进行接种，同时避免温度、盐度等因子差异过大。

2.营养液的配制

营养液由洁净海水加入营养盐配制而成。营养盐有无机肥(化肥)和有机肥(如人畜的尿粪、贝与鱼的汤汁等)。常用的无机氮肥有硝酸钠、硝酸钾、销酸铵、尿素、硫酸铵；磷肥有磷酸二氢钾；铁肥有柠檬酸铁等。若培养硅藻类，尚需加入硅酸钠等；培养金藻类加入 B1、B12 等维生素亦会促进其生长、繁殖。

以氮元素浓度作为划分标准，培养液的浓度可分三级：低浓度培养液的含氮量为5～15 mg/L，中浓度为16～30 mg/L，高浓度在80 mg/L以上。氮、磷、铁三种元素的比例为10∶1∶0.1～0.5。使用低浓度培养液，藻类早期生长繁殖效果好，但持续时间短，培养过程中需多次追肥；高浓度培养液对藻类早期生长有一定的抑制作用，但肥效期长，对藻类中、后期生长有促进作用，常用于保种培养；中浓度培养液介于前两者之间，在藻类的培养中最常用。

3. 单胞藻的培养技术

单胞藻的培养可按藻种培养、藻种扩大培养和生产性培养的次序来进行。应选择色泽鲜艳、无沉淀、无明显附壁的藻液接种，若发生原生动物或其他杂藻污染则不能作为藻种使用。

(1)藻种培养：培养容器为300～500 mL的三角烧瓶，洗净并煮沸消毒，加入新配制的培养液200～300 mL。接入经严格分离而得的纯种或保存的纯种，瓶口包以消毒纱布、棉花或滤纸，置于适宜的光照和温度中培养，及时摇动、充气。

(2)藻种扩大培养：将培养好的藻种，逐步扩大接种入已消毒过的10～20 L无色细口玻璃瓶中培养。同样置于适宜的光照和盐度条件下，及时摇动、充气。培养的容器还可因地制宜的选用无色塑料瓶(桶)、塑料袋等，容器的标准是结实、透光性好、易操作。

(3)生产性大量培养：可在室内也可在室外，有封闭式培养和开放式培养两种类型。培养的容器为大型水泥池、大型玻璃钢水槽和大型塑料袋等。先将培养容器消毒，然后加入经沉淀、消毒处理过的海水，将营养盐按配方计算总量溶化后入池，最后按培养水体的1/2～1/5的量接入藻种。

## 二、轮虫的培养与强化

轮虫是一种小型的多细胞动物，营浮游生活，具有生长快、繁殖力强的特点，其大小、运动速度、营养价值很适合条斑星鲽仔鱼的营养需求。在轮虫培养时，以单胞藻、鲜（干）酵母、豆浆等作为其饵料，培养的适宜盐度为15～30、温度为25℃～30℃。目前轮虫的大量培养技术有了很大发展，可维持2 000个/毫升的密度和100%的增长率。采收时可使用250目筛绢网。

（1）轮捕轮养法（一次性培养法）：轮捕轮养法适合于20 $m^3$ 以下的培养池，要求池子数量多，一般为6～8个池为一循环周期。培养周期多为4 d左右，接种密度为100～150个/毫升，采收密度可达200～300个/毫升，日增殖率达30%左右。该法的优点是培养密度较高，状态稳定；缺点是劳动强度大，必须每天都进行采收和接种操作。

（2）连续培养法（间收法）：轮虫的连续培养法适用于20 $m^3$ 以上的水泥池，多在培养池体积大、数量少的情况下采用。一般来说，培养周期可达30 d，密度可维持在100个/毫升左右，日采收率为20%左右。该法的优点是劳动强度低，每天只需采收所需要的轮虫和加入相应的藻类或淡水即可；缺点是培养密度低，稳定性较差，容易发生原生动物污染。

通常也可以把轮捕轮养法和连续培养法结合在一起培养轮虫。

（3）室内培养：可采用间收法和连续接种培养法，也可以两种方法兼用。培养水池（槽）可采用1～6 $m^3$ 的小型水池（槽）和20～50 $m^3$ 的大型水池（槽）。使用单位应根据其培养方式、需求数量、培养时间等实际情况来决定采用水池的容量。另外也可以用虾、蟹育苗池培养轮虫。一般用连续接种培养法，此法培育密度高（采收密度在200～300个/毫升），培养效率高，能维持较长时间的稳定培养，做到有计划生产。

间收法培养，多用大型水池(槽)。具体操作方法：首先将含有小球藻的海水(含小球藻 $2\times10^{7}$～2 $500\times10^{7}$ 个/毫升)接种于培养池中，然后加入淡水和海水，调整海水相对密度至1.017～1.018，小球藻密度达 $1\times10^{7}$～$1.5\times10^{7}$ 个/毫升，升温至20℃～28℃。轮虫的接种采取连续接种法，开始密度为100～300个/毫升，2～9 d增殖到200～600个/毫升时，大部分采收，留下一部分作为继续培养的原种，再加水和小球藻继续培养。当水池内小球藻被摄食、水色变淡时，可继续投喂小球藻，或投喂面包酵母和油脂酵母。投喂量控制在每100万个轮虫每天投喂酵母1～1.25 g，每天分2～3次进行投喂。

轮虫的采收可用位差虹吸法，用200目尼龙筛绢网接滤，或用小功率水泵(0.25 kw、0.4 kw)抽取，用网接滤，或直接用200目锥形网捞取。

(4)室外大面积培养：单细胞藻培养池2个，面积0.33 $hm^2$ 以上，池深1～1.5 m；轮虫接种池3～4个，每池面积0.07～0.1 $hm^2$，池深1.5 m左右；轮虫培养池4～5个，面积0.2～0.27 $hm^2$。每年3月上旬左右，清理单细胞藻培养池中的杂藻，然后先进水至水深40～50 cm，施尿素10 mg/L、过磷酸钙5 mg/L，每周施肥2次，待水色增深后减少施肥量。

轮虫培养池的清池，可用浓度为500 mg/L的漂白粉全池泼洒，2 d后用200目筛绢过滤网进水至水深40～50 cm，然后施尿素10 mg/L、过磷酸钙5 mg/L，再接种轮虫。待轮虫大量繁殖后不再施肥，而从单细胞藻培养池中抽取藻液经150目筛绢过滤到轮虫培养池中，使单细胞藻的含量维持在 $5\times10^{4}$～$1\times10^{5}$ 个/毫升。培养期间要经常检查轮虫的生长情况，随时捞取水面上的漂浮物。采收时使用直径40～50 cm的锥形网(200目)施捕或用小水泵抽取，用网接滤。

(5)高密度大量培养：用一般方法培养轮虫，其增殖密度多只能达到200～300个/毫升，致使饵料培养池所占的水体较大，影响了育苗水体的有效利用。日本的科研人员吉村研治经研究发现，高密度培养轮虫时阻碍其增殖的主要原因是轮虫的饵料不足、溶解氧不足、氨氮毒性大，因此采取了增加投饵密度(用浓缩的海水小球藻、淡水小球藻)，强化增氧，在培养水体中加入盐酸调控pH值用以抑制氨氮上升等措施，维持水温32℃、pH7.0左右，每个轮虫小球藻的投喂量达到$2.5\times10^4$～$5\times10^4$个/毫升，使轮虫的生产效率显著提高。

在这个培养系统中，轮虫培养槽的底部呈圆锥形，内置直径6 cm、长30 cm的特制氧气分散器进行充氧，与此同时增强氧气充气能力(50 L/min)。氧气分散器和氧发生器相连，由氧发生器供氧。采用pH控制调节器，由定量泵自动添加盐酸来调控培养水体中的pH，以减轻氨氮的毒性。用定量泵24小时投喂小球藻，为防止小球藻在贮存器中沉淀，采取微充气活化藻液。用1 kW钛加热器和恒温器控制水温，并在加热器上装水量截止阀以确保安全。为了去除悬浊物，使用"梅林垫"，以便每天进行冲洗和更换。使用这种培养装置培养轮虫，密度可以达到$2.2\times10^4$～$2.6\times10^4$个/毫升，每天每吨水体的轮虫产量可达到138亿个左右。如用间收法培养，培养2 d密度最高可达$1.7\times10^4$个/毫升，每天每吨水体的产量达67.2亿个。

(6)二次培养：轮虫的二次培养，目的是为了强化营养。可采用小球藻和油脂酵母，也可单独使用小球藻或油脂酵母。轮虫培养时间和投饵量因各单位的采收时间和投喂方式不同而异。在轮虫采收前，其培养时间应为2～6 d；如急需投喂使用也应该强化培养24 h。油脂酵母的投喂量为每100万个轮虫投喂油脂酵母0.25～1 g，亦可根据培养时间适量掌握投喂量。此方法培育的轮虫采收后，仍需进行营养强化方可投喂。

(7)营养强化培养:营养强化的目的是为了使轮虫大量富集高度不饱和脂肪酸(主要成分为 EPA、DHA),以有效地提高苗种的生长速度、抗病力和成活率。

强化途径有两种,一是用富含 EPA/DHA 的海洋微藻,如三角褐指藻、等鞭金藻、小球藻、微绿球藻等投喂轮虫,其中以小球藻、微绿球藻使用最为普遍;二是用富含 EPA、DHA 的人工强化剂,如乌贼鱼油(日产)、BASF-Aquaran(日产)、比利时鱼油和50DE(烟台产)、康克 A、裂壶藻等。

营养强化的方法是在强化用的容器中加入经消毒过滤的海水和经消毒处理的轮虫 500～1000 个/毫升,水温 20℃、充气量 30～40 L/min 为宜。然后加入市售的优质品牌强化剂,添加量依据各厂家提供的指导浓度和饵料群体密度换算而定,可分数次投入。经 6～12 h 强化即可采收用于投喂。

## 三、卤虫卵的孵化

卤虫也称盐水丰年虫,中国民间也称盐虫子或丰年虾。分类上属于节肢动物门,有鳃亚门,甲壳纲,鳃足亚纲,无甲目,盐水丰年虫科,卤虫属(*Artemia*)。卤虫的研究从 20 世纪 30 年代开始,1933 年美国的 Seale 把卤虫初孵的无节幼体作为鲽类仔鱼的活饵料,随后挪威的 Rollefsen 等也用卤虫无节幼体为活饵料培育鱼苗,均获成功,证实卤虫无节幼体是仔稚鱼的优质饵料,因此受到世界水产养殖工作者的高度重视。20 世纪 50 年代后期,中国科学院海洋研究所张孝威教授首次发现了我国的卤虫卵,经十余种海产鱼苗培良试验,证明卤虫无节幼体是仔、稚鱼的良好活饵料,同时相应的开展了卤虫卵的调查、采集、孵化和培养的研究,积累了许多宝贵的资料。

卤虫卵出产于高盐度的咸水湖或盐田。卤虫(雌性)每次产卵 10～250 粒,一生产 5～10 次卵,每个虫体可生存 3～6 个月。卤

虫的适应性强，在全球不同类型的盐湖、盐田均有产出，繁殖周期短，生长迅速。卤虫属于滤食性动物，适合的饲料颗粒 10～50 μm，除采食单细胞藻类和原生动物外，还可采食各种有机物碎屑，具有转化率高、抗病力强的特点。喜逆水游动，成虫不喜光而幼虫有趋光性。卤虫营养价值高，干卵及成虫含蛋白质 57%～60%，脂肪 18%，氨基酸、微量元素、维生素、不饱和脂肪酸含量丰富，并含有激素。这些物质有利于生长、发育，提高抗病力，改善鱼虾成熟度及产卵率，是优质的饵料。卤虫含有丰富的胡萝卜素、核黄素、血球蛋白、长链不饱和脂肪酸以及一些激素类物质，具有一定的医疗保健功效。

卤虫卵的孵化可在小型水泥池或底部为圆锥形的玻璃钢罐内进行。在安有充气装备的孵化设备中，每升海水可孵化 1～3 g 卤虫卵，水温控制在 25℃～30℃，充气量宜大不宜小，经过 18～24 h 孵化，就可获得卤虫无节幼体。

对于卤虫无节幼体(图 5-2)与卵壳及未孵化卵的分离，通常采用的方法有：一是停止充气，一部分卵和卵壳浮于水面，另一部分则沉于池底，幼体则多居中下层，用胶管从中下层吸取孵化液，经

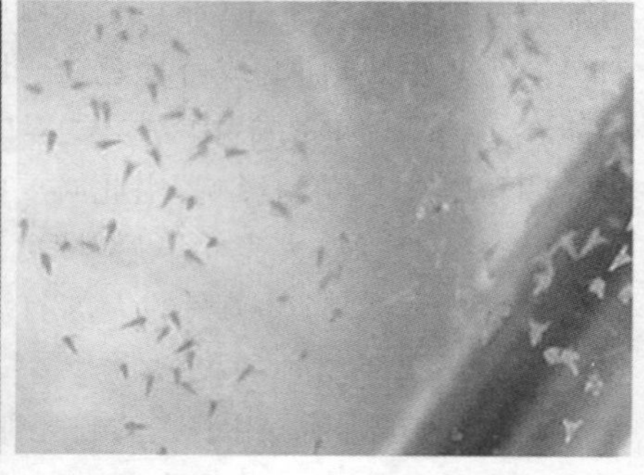

**图 5-2　卤虫的无节幼体**

筛绢网过滤收集幼体。二是利用卤虫无节幼体的趋光性，把池子或孵化罐的一端或上端遮光，让其另一端或下端进光或加入人工光源，经一段时间后幼体从遮光处游到有光处，吸取后将水滤去，收集幼体。这两种方法在实际生产中，一次分离的效果都不甚彻底，要想分离彻底，在增加分离次数的同时，还应选择纯度高、孵化率也高的产品。也可以采取卤虫去壳卵孵化。

1. 卤虫去壳卵处理

去壳后的卤虫冬卵，其孵化率可以提高，并且去壳冬卵孵出的幼虫，其所含能量较之未去壳孵出的要高 10%。条斑星鲽 17～20 d 仔鱼可直接摄食卤虫去壳卵，并能正常地完成变态。

卤虫卵外壳的主要成分是脂蛋白和正铁红素，这些物质可以在一定浓度的次氯酸盐溶液中被消化（即化学去壳）。

（1）去壳液配制：配制 100 g 卤虫卵去壳液的组成是：次氯酸钠（钾）液 500 mL（有效氯含量按 10%计），海水 800 mL，氢氧化钠 13 g，充分搅匀，静置沉淀，取上清液待用。若用漂白粉，用量为 250 g（有效氯含量以 20%计），海水 1300 mL，加碳酸钠 100 g，充分搅和后静置沉淀，取上清液待用。

（2）去壳过程：称取卤虫卵 100 g，在海水或自来水中浸泡 1 h，用筛绢网捞出冲洗干净（卵色呈浅咖啡色），投入备好的去壳液中，卵色变为灰白，继而变成鲜橙色，至此去壳完成。上述去壳过程最好能在 15 min 内完成，因去壳过程中水温有时会上升很快，超过 40℃ 卵粒孵化会受到影响，因此必要时还应采取降温措施。

（3）中和残氯：去壳完毕后，即可用 150 目筛绢将卵粒捞出，用海水冲洗后放入 1%～2%的大苏打溶液内，除去残氯。去壳后的卵粒可直接用于苗种的投喂。

（4）去壳卵保存：用不完的去壳卵，置入饱和食盐水中保存（每升水加食盐 300 g）。为避免阳光中紫外线杀伤卵胚，最好避光贮存。

值得注意的是，卤虫去壳卵孵化时，最好使用专用孵化设备，加大充气量，防止去壳卵沉底，影响孵化率。

## 四、成体卤虫投喂

成体卤虫(图 5-3)多产自高盐度的咸水湖或盐田，在我国沿海内陆地区广泛分布，可向相应地区从事此业务的渔民购买。成体卤虫须选择产地水质清洁无污染、卤虫新鲜、杂质少，或采用事先处理好的冰冻成体卤虫化冻后使用。新鲜成体卤虫在投喂前应先使用手捞网将混杂的污物捞出，再用淡水冲洗，使用浓度为 $5\times10^{-6}$ 的土霉素溶液浸泡 30 min，之后用淡水冲洗、浸泡，待残留的抗生素去除干净后方可投喂使用。

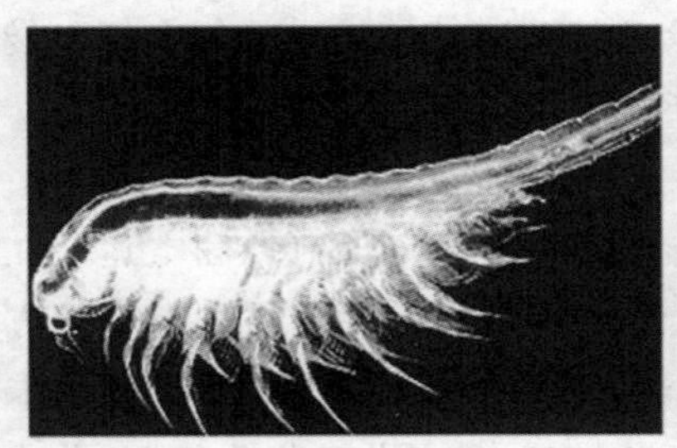
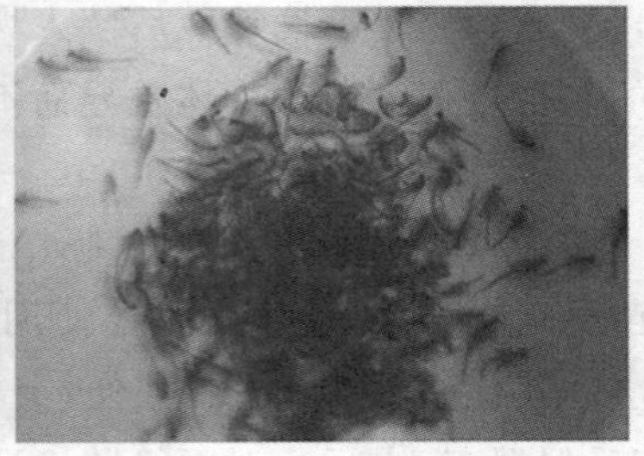

**图 5-3　卤虫的成体**

# 第五节　苗种计数、出池、销售及运输

1. 苗种计数出池

条斑星鲽苗种孵化后在水温 18℃～22℃培育 90～100 d，全长生长至 50～60 mm，达到商品苗种销售所要求的规格时，即可转入成品鱼养殖阶段或对外销售。

苗种销售前，应根据购买方的需求和预订情况，对即将销售的苗种在运输前停食1天，使苗种消化道内的残存食物、排泄物完全排空，以防止在运输过程中排在水体内败坏水质、消耗运输水体中有限的溶解氧，致使苗种在运输途中因窒息死亡，造成经济损失。

苗种运输前，应将培育水温逐步降低至12℃～14℃（若夏季培育水温较高，则应在水体中加入碎冰块进行降温），并使苗种在该温度范围下适应2～4 h为好，随后进行苗种出池、充氧打包。出池前应先将苗种培育池的水深降低至30 cm左右，工人可以站立于池中进行操作即可，使用手捞网（网片最好是软棉线制做，网目10～20目）将鱼苗捞起，短暂置于充气带水塑料容器中（水温10℃～12℃），准确计数后装入聚乙烯薄膜打包袋中。每个打包袋的装苗量根据苗种个体差异而不同。

2. 苗种运输

活鱼运输的传统方式为水船运、水车运（商品鱼）和空运。在苗种运输方面，近年来主要使用泡沫箱内装充氧塑料袋运输的方法。其优点是：①运输方便、灵活，可采用多种运输工具（普通卡车、保温车、空运），对颠簸路途适应性好；②对苗种损伤轻、鱼苗成活率高。一般容量20 L的聚乙烯薄膜袋装清洁海水5～7 L(1/4～1/3)。打包袋内水温根据苗种运输路途的远近和此时养殖水温的情况而定，冬季气温低时应注意保温，可以用12℃～14℃水温的海水运苗，路途远、时间长和夏季气温较高时，最好用保温车，运输前将水温降至10℃～12℃。使用纯氧给盛有苗种的打包袋充足气，充气时气管头应该置于水面以下，以尽可能提高水体中的溶解氧水平，最后用粗皮筋扎紧袋口放入泡沫箱，根据情况决定是否在泡沫箱内加冰块或冰瓶，用胶带将泡沫箱封口，待运。

根据运输路途的远近、苗种大小调整打包袋内的装鱼数量：以

全长 50～60 mm 的苗种为例，运输水温 10℃～12℃，运输 6～10 h，每袋可容纳苗种 100～150 尾；运输 4～6 h，则每袋可容纳苗种 200 尾左右；运输 4 h 以内，则每袋可容纳苗种 200～300 尾。

# 第六章　生物技术在星鲽养殖中的应用

## 第一节　星鲽的生殖调控

控光控温育苗技术是由日本大分县栽培渔业中心于1983～1985年进行试验研究并获得成功的，此后经不断研究完善，发展成目前国际及国内广泛应用的鱼类控光控温育苗技术。

控光控温培育在国内称为转季节育苗。该项技术的工作原理是通过控制光照周期和水温，诱导亲鱼性腺提前成熟、产卵。比常规自然育苗提前3～5个月，从而获得早期苗种，相对延长人工养殖鱼的生长周期。实践证明该项技术应用价值高、操作简便且又行之有效。

(1)光照：根据在自然产卵季节的光照期长度，海水鱼类可分为长光照期型和短光照期型。长光照期型为春夏产卵鱼类，在性腺发育期内，每天的光照时间一般为14 h左右。若在性腺发育季节延长光照期，可促进这一类型鱼的性腺的发育成熟，导致提前产卵。这种类型的鱼有真鲷、鲆鲽等。短光照期类型为秋季产卵鱼

类，在性腺发育季节，自然光照时间逐渐缩短。若人为的在其性腺发育季节缩短光照周期，可以促使这一类型鱼的性腺提前成熟。这类型的鱼有鲈鱼、六线鱼、香鱼和鲑鳟鱼等。相反，若前一种类型鱼在其性腺发育季节缩短光照，后一种类型鱼延长光照，则都可抑制或推迟性腺的发育。

(2)温度：水温对鱼类性腺发育影响很大。每种鱼都有产卵最适温度。在最适温度下饲育，往往能促使性腺的发育，使鱼提前产卵。如真鲷、鲆鲽等，冬季加温饲育均可比自然水温提前1～2个月产卵。

(3)光照和水温的共同作用。同时控制饲育环境的光照和水温，可更加有效地控制亲鱼的产卵期。目前我国和日本采用秋季延长光照并升温的方法，使鲆鲽和真鲷提前4～5个月产卵，在春季即可实现生产实用化。欧美一些国家，通过控光控温也成功地控制了许多养殖鱼的产卵期，甚至有些鱼经过人为控制可在全年任何时间产卵。

## 第二节　星鲽的杂交育种情况

由于鱼类比较容易在自然条件下发生杂交，而且可以获得具有生长的杂种优势。因此，鱼类远缘杂交已经成为鱼类育种基本手段之一。中国自20世纪50年代末开始，进行了大量的属间和种间杂交，多数情况都能够受精和得到鱼苗，有些组合可应用于生产和育种实践(李珺竹等，2006)。

大部分鲆鲽类，都是非常受人们欢迎的名贵海水经济鱼种，它们在对水环境的适应性、生长速度、抗逆性、肉质、胶质含量、口感等方面各有特点。而且，目前大菱鲆和星斑川鲽等鲆鲽鱼类的养殖在我国北方沿海已经发展成为一项特色产业，年总产值几十亿元，成为我国北方海水养殖的一项支柱产业。因此大力开展国内鲆鲽类的远缘杂交，培育出抗病力强、生长快等性能、性状优良的新品种，是一项亟待开展的工作。本节综合国内外鲆鲽类杂交工作现状以及发展趋势，望能够为广大读者提供一定的信息和思路，为进一步开展类似的工作掌握一定的信息。

关于鲆鲽类之间的杂交报道很多，多是鲽科中不同种之间的杂交，如欧鲽与平鲽杂交、欧鲽与庸鲽杂交。王新成最早在国内进行了牙鲆♀与石鲽♂（*Paralichthys olivaceus*×*Kareius bicoloratus*）的杂交工作，经6个月的养殖观察发现，杂交一代在形态上包括左偏和右偏比例各半，因此将杂交一代定名为“寻山鲽鲆”。研究表明：杂交一代分别具有两亲本的形态特征，其育苗成活率及养殖成活率以及生长速度都具有明显的杂种优势。唯有初孵仔鱼开口困难，但从正常开口摄食后一直到其后的养殖成活率都很高，远高于牙鲆。在生长上具有明显的杂交优势，鱼体丰满度以及体高明显高于亲本（王新成等，2003）。

石鲽核型与牙鲆核型的相似性是其杂交成功的分子基础。研究发现石鲽与牙鲆染色体的中期分裂相皆为2倍体，染色体众数为48，核型为2n＝48，48t，即24对染色体。均为端着丝粒染色体，臂数NF＝48，未发现异型性染色体和随体，且各对相邻染色体之间相对长度差异不明显（王梅林等，1999）。

中国科学院海洋研究所在引进大西洋牙鲆的同时，首先进行了牙鲆♀和大西洋牙鲆♂的杂交育种工作，获得了具有耐高温、生长快等良好性状的杂种优势。目前其杂交品种（英文名为Jasum）已经在国内开展大规模养殖推广。相关研究，包括早期发育过程（于道德等，2007；Yu等，2010）、分子遗传学等也逐步开展起来（王波等，2007）。

涉及星鲽的杂交工作也开展不少，包括条斑星鲽与圆斑星鲽

杂交。Lee 等进行了牙鲆♀与圆斑星鲽♂杂交，并将该杂交品种称为“Bumnupchi”，英文名称为 mottled flounder。研究了其杂种的生长情况和性别分化现象。

根据实践经验以及文献报道，所有与牙鲆进行杂交的鲆鲽类都是在母本为牙鲆的情况下成功繁育出仔鱼并能够养殖到幼鱼阶段，如牙鲆♀与圆斑星鲽♂（Kim 等，1996）、大西洋牙鲆♂与石鲽等。而以牙鲆为父本的情况下，没有仔鱼能够孵化。也就是说正反交的结果相反，类似的情况也见于鲑鱼的杂交。其机理目前尚不清楚。据报道，致死杂交是由杂交引起染色体不同程度受损伤，而后导致胚胎发育过程畸形，不能完成孵化所致，这一点在进行牙鲆与大西洋牙鲆杂交的过程中也可以观察到。

## 第三节　现代生物技术在星鲽养殖中的应用

现代生物技术在星鲽养殖中的应用包括品种培育及病害防治等方面。品种培育包括染色体操作技术（三倍体、全雌鱼）、转基因鱼、克隆鱼等；病害防治方面包括单克隆抗体、核酸探针、重组核酸疫苗、分子疫苗、抗独特型抗体疫苗等生物技术。

染色体操作技术：染色体操作又称为染色体组工程，系指用生物或物理化学方法改变有性生殖生物原有的染色体组技术，作为细胞工程和现代遗传育种的一个重要组成部分，染色体操作是目前应用于鱼类人工养殖中最有发展前途且最活跃的一种生物技术。该技术的研究及应用范围日趋广泛，包括多倍体的人工诱导，雌核发育等。其用于生产领域的目标是培育三倍体星鲽、四倍体星鲽和全雌星鲽。

## 一、人工诱导的多倍体

1. 多倍体产生的机制

多倍体是由于细胞内染色体加倍而形成的。染色体加倍是通过保留受精卵的第二极体即抑制卵子的第二次成熟分裂或通过抑制受精卵的第二次卵裂来实现。近年来对星鲽受精细胞学研究表明,鱼类精子入卵时间是第二次减数分裂中期,卵子受精后放出第二极体。如果设法抑制第二极体的放出即形成二倍体卵,二倍体卵原核与正常精原核结合即形成三倍体。如卵子受精后,照常排出第二极体,形成单倍体卵,单倍体卵原核同单倍体精原核结合形成二倍体受精卵,此时再抑制受精卵的第一卵裂(有丝分裂),即产生四倍体。

2. 诱导方法

诱导星鲽产生多倍体的方法主要为物理方法,包括温度休克法及静压水法。而化学方法主要采用秋水仙素、细胞松弛素、6-二甲基氨基嘌呤(6-DMAP)等药品,不利于环境保护,且其计量很难控制而很少在实际生产中采用。

(1)温度休克法:温度休克法依据温度的高低分冷休克法(0℃～5℃)和热休克法(30℃左右),即用略高于或低于致死温度的冷或热休克来诱导三倍体(抑制第二极体排出)或四倍体(抑制第一次卵裂)的方法。此法简便,生产中易掌握,只要处理好各条件因素即可获较高诱导率。星鲽鱼受精卵对温度敏感性既与遗传背景有关又与卵子成熟度、诱导工艺、水质条件及地理种群不同等因素有关。

在温度休克中,首先应确定的是处理时刻、处理持续时间、处理温度这三个因素,星鲽一般处理开始时间 5 min,持续时间 45～60 min,温度 0℃～2℃

(2)静水压法:静水压法即采用较高静水压(65 $kg/cm^2$)来抑

制第二极体的放出或抑制第一次卵裂，诱导产生多倍体的方法。此法诱导率高（90%～100%）、处理时间短（3～5 s），对受精卵损伤小，成活率高，但需专用设备，且处理量不多，适合于四倍体。

温度休克法既简单便宜又易于掌握，因而适应于生产。具体步骤如下：

a. 采集精卵：亲鱼一定要处于产卵、产精盛期，以保证受精卵质量，卵子要大、圆、透明，精液乳白色，既不要太稀，也不要太稠，精子活力要强。

b. 授精：一般采用半干湿法受精，即将精卵混合在一起，加少许海水使其充分混匀，静置 5 min 左右，用新鲜海水反复冲洗数次以去掉多余精液，而后将受精卵放入盛有新鲜海水的培养皿中。

c. 多倍体诱导：将事先调好的低温海水（0℃～2℃），放入恒温水槽或保温桶内，当卵子受精 5min，将受精卵放入低温海水处理 45～60 min。

不可否认，并非所有的三倍体鱼类都具有生长优势，这要依赖于种类及其年龄和性别以及养殖环境条件等因素（Felip 等，2001）。如牙鲆（Yamamoto，1992；Tabata 等，1989）、条石鲷（Murata 等，1994）和欧洲鲈（Felip 等，1999；2001）的三倍体在幼鱼阶段与正常二倍体的生长类似，而在成鱼以及性成熟阶段出现生长缓滞，生长速率明显低于二倍体，类似的现象在真鲷中也有报道（Murata，1998）。对于每一个鱼种，其三倍体育种的推广和应用都要经过大量前期工作来实践检测其生长或其他方面的优势是否存在。

日本学者 Mori 等于 2004 年通过静水压和温度方法成功诱导条斑星鲽的三倍体（Mori 等，2004）。为证实三倍体在水产养殖业上的优势以及应用前景，随后 Mori 将育苗养到性成熟，进行相关生物学测定。

条斑星鲽的三倍体（♂）：经过近三年的养殖，结果表明：在 23

月龄时，80％的二倍体雄鱼已经成熟，能够挤出成熟的、乳白色精液，而三倍体无任何迹象。35 月龄时，90.5％的二倍体雄鱼已具有活跃的排精行为，而三倍体仅仅部分（43.8％）产出少量精液。通过扫描电镜观察发现：三倍体成熟精子头部长度（4.88 μm±1.93 μm）要明显大于正常二倍体的（1.63 μm± 0.08 μm），而且大部分精子的形态出现畸形（如无鞭毛、双头、头部畸形等），流式细胞仪显示其倍性为非整倍的 1.5 n，而且与正常的二倍体成熟卵子受精后，不能发育出仔鱼。总之，条斑星鲽三倍体雄性与已经研究的海水硬骨鱼类相似，精液少，精子形态畸型，无法繁殖，为功能性不育（Mori 等，2006）。

条斑星鲽的三倍体（♀）：在 23 月龄时，二倍体与三倍体性腺指数（Gonadosomatic index，GSI）都非常低，并无明显差异。可见，此时所有的雌鱼都没达到性成熟。35 月龄时，所有三倍体（♀）性腺仍都处于初始阶段，性腺指数非常低，为 0.1％～0.6％，可以认为其为完全不育。类似的报道见于其他硬骨鱼类（Yamamoto，1992；Tabata 等，1989；Murata 等，1994；Felip 等，1999）。也有部分鱼类，如黄盖鲽（*Limanda ferruginea*）的三倍体雌鱼可以产生繁育，只是性腺的成熟速度要慢于一般的二倍体（Manning 等，2004）。

## 二、全雌育种技术

全雌育种技术或雌核发育：雌核发育指卵子依靠自己的细胞发育成个体的生殖行为，它需同种或异种精子进入卵内，但这些精子只起激动作用而不参与发育，胚胎的发育完全是在雌核控制下进行，后代全为雌鱼。由于多数鱼类雌性生长快、个体大而且品质高受欢迎，如山东省海水养殖研究所的养殖试验结果表明，条斑星鲽由于雌性比雄性生长快，同样养殖条件下，二龄雌性比二龄雄性

重16%，三龄重28%，四龄重50%。另外，雌核发育二倍体由于没有精子的遗传物质，而是完全以雌核为主，因此各基因位点具有较多的纯合几率。人工诱导雌核发育不仅能产生单性雌性后代，而且能快速建立纯系，对于家系选择育种、利用杂种优势及育种基础理论的研究均具有重要意义。因此只培养雌鱼为目的的全雌育种技术近年也得到了广泛研究并不断取得新成果。

目前海水鱼类雌核发育诱导大多数采用灭活同源精子激活，李忠红(2009)首先利用异源精子对条斑星鲽的雌核发育进行了研究，异源精子诱导雌核发育的优势在于：可以避免由于同源精子灭活不彻底而导致正常二倍体出现的情况。通过紫外灭活的牙鲆精子，冷休克方法抑制第二极体排放，成功获得条斑星蝶雌核发育二倍体。结果表明诱导条斑星蝶雌核发育二倍体的最佳条件是在受精后11 min，−1.5℃～0℃的海水中冷休克处理受精卵60 min。

## 三、星鲽精子和受精卵的冷冻保存技术

精子和受精卵的冷冻保存技术：精子的冷冻保存对于鱼类育种是一项非常重要的技术，在水产生物遗传资源的保存方面也有重要意义。自1953年Blaxter首次使用春季产卵的鲱鱼的冷冻精子，使秋季产卵鲱鱼的卵子受精以来，现在已有很多鱼的精子可以冷冻保存。

海产鱼类冷冻剂有等渗压柠檬酸苏打液、葡萄糖液、海产鱼用林格尔氏液等，冷冻保护物质用二甲亚砜或甘油二甲亚砜。在加精液之后，冷冻保护物质的最佳浓度应为12%～15%。冷冻速度从每分钟几度至几十度的下降速度均可。冷冻方法有封入细管的精液直接暴露于液态氮蒸汽的方法和将封入细管的精液再装入试管，放入甲醇干冰中或浸泡在液氮中。

# 第七章　星鲽属鱼类的病害与防治

与其他海水鱼类相比，由于星鲽属鱼类在国内开展人工养殖的时间并不是很长，相关的疾病以及防治的报道很少（刘朝阳和孙晓庆，2007）。另外，由于目前水产品的药物残留问题，已经使我国养殖水产品的质量安全问题成为社会舆论关注的重点。最近几年，随着在养殖水产品中先后出现氯霉素、环丙沙星和孔雀石绿残留等问题，养殖水产品中的药物残留问题已经超越了水产养殖行业内人员关注的范畴，成为了涉及食品卫生与公共安全的热点问题。如前年在上海等地市售的大菱鲆，由于被检测到体内有多种药物的残留，导致我国许多地方对大菱鲆采取了“封杀”措施，其结果直接导致了大菱鲆主养地区出现大量养成水产品的滞销，使养殖业者经济效益受到了严重损失，而且屡次出现的养殖水产品药物残留问题已经对我国水产品消费者的心理产生了恶劣影响，同时对我国的水产品在国际市场上的声誉也造成了严重的负面效应。因此，我们在坚持“预防为主、防治结合、综合治理的原则”的前提下，以其他海水鱼类的疾病防治为基准，参考其他鲆鲽鱼的主要疾病暴发情况以及防治措施，首先对可能发生的病害进行预测和预防，其次在食品安全以及药物残留等相关问题的基础上进行治疗。

# 第一节　预防措施

预防为主就是将预防放在防治疾病的优先位置，采取各种预防手段，防止疾病的发生。由于影响鱼类疾病发生的因素较多，而且暴发性强，同时治理成本高代价大，又存在如上所述的药物残留以及食品安全等诸多问题，因此必须对鱼类疾病采取预防为主的原则，才能将疾病带来的损失减至最低的程度。

在养殖过程中应做好以下防治措施：

(1)处理好养殖用水：养殖用水必须严格砂滤，除去各种寄生虫，如车轮虫、刺激隐核虫等，因为寄生虫会损伤鱼的体表，从而为细菌的感染提供途径。例如，溶藻弧菌(*Vibrio alginolyticus*)作为大菱鲆的条件致病菌，感染途径就是通过进入大菱鲆鱼体的受伤部位，分泌胞外产物，而造成死亡(陈强等，2006；金珊等，2003)。同时养殖用水最好用紫外线或臭氧装置进行消毒。

(2) 及时进行清底和换水，清除多余饵料以及粪便，防止水质污染，有条件的地方尽量多换水，保持水质清洁。

(3) 隔离传染源：一旦发现病鱼要马上捞出隔离，否则会很快传染给其他健康的鱼。

# 第二节　主要疾病和治疗手段

## 一、细菌病

已经报道的鲆鲽类鱼细菌病有很多，包括弧菌属、爱德华氏菌属、链球菌属、屈挠杆菌属、莫拉氏菌属等多种病原菌的记载和报道。

其中，迟钝爱德华氏菌(*Edwardsiella tarda*)属肠杆菌科爱德华氏菌属，革兰氏染色阴性，有运动力，短杆状，大小为(0.5～1)m×(1～3)m，发育的温度范围为15℃～42℃，最适温度为31℃，发育的pH值范围为5.5～9.0，盐度为0～4，是一种重要的人畜共患病的病原菌。从Hoshina首次报道该菌感染日本鳗鲡以来，迟钝爱德华氏菌一直是在水产养殖中有极大危害的病原菌。是多种淡、海水养殖鱼的重要病原菌之一。

迟钝爱德华氏菌能够引起多种鲆鲽类的疾病。如牙鲆的腹水病，其症状是病鱼腹部膨胀，内有大量腹水。主要有肛门扩张发红，有的肠道从肛门脱出。鳍发红、出血。吻端部发红，眼球白浊突出。颈部、背鳍下部隆起。体色变黑，摄食不良，在水面摇摇晃晃游动。肝脏、肾脏肿大，肾脏上有许多小白点。也有的出现肝脏局部坏死和出血。

迟钝爱德华氏菌可引起大菱鲆多个内脏器官组织发生不同程度的病变(秦蕾等，2009)，如肾脏、脾脏、肝脏、心脏、肠和鳃等。其中以肾脏病理变化最为显著，主要表现为造血组织局部坏死、单核巨噬细胞显著增生和肉芽肿形成。肝脏发生脂肪变性，血窦扩张充满单核巨噬细胞，严重者发生局部坏死；脾脏单核巨噬细胞增生显著，脾实质出现多处局部坏死；心肌纤维变性，肌纤维间有单核巨噬细胞浸润，病变严重者形成局部坏死灶。此外，在病鱼的肠和鳃内也发现大量单核巨噬细胞浸润的现象。

## 二、病毒病

能够感染养殖鲆鲽类鱼的病毒有很多，国内史成银等于2003年对感染大菱鲆的病毒以及引起的相关疾病进行了详细的介绍(史成银等，2003)，主要包括疱疹病毒、虹彩病毒(Shi等，2003)、

呼肠弧病毒、传染性胰脏坏死病毒、出血性败血症病毒、淋巴囊肿病毒等。

常见的淋巴囊肿病是由由虹彩病毒科的淋巴囊肿病毒(*Lymphocystis disease virus*,LCDV)引起的，其主要病症是在鱼鳍、头部、体表长有白色、灰色或粉红色囊肿物,有时也在体腔膜、内脏器官及鳃上发生(Colomi and Diamant, 1995),使鱼失去商品价值,有时会造成鱼死亡。此病在世界范围内已经感染了42科125种以上的海水、淡水和半咸水鱼类,造成了巨大经济损失(林清龙等,1995),1992年,在我国南方出现(张永嘉和吴泽阳,1992)。1997年,鱼类淋巴囊肿病在中国的养殖牙鲆中首次大规模暴发(曲径等,1998),至今已在养殖鲈鱼、许氏平鲉等十几种经济鱼中发现,对中国的鱼类养殖业造成了严重影响(绳秀珍等,2007)。

淋巴囊肿病发病快、病程短、传染力强,为养殖鲆鲽类鱼的主要病毒性疾病。牙鲆淋巴囊肿病发病率高,呈亚急性暴发,一年四季均可发病,感染率高达80%以上,病鱼死亡较多。牙鲆患病主要表现为体表皮肤、鳍基部、上下颌及肛门等处有淋巴样囊肿,且囊肿数量随着病程的发展而增加。

治疗方案:肖国华等通过试验根据不同水温加高锰酸钾、二氧化氯、过氧化氢对感染牙鲆进行药浴。结果表明,22℃～25℃高温水结合过氧化氢药浴可使病鱼体表囊肿消失。药理作用上分析,是由于二氧化氯、过氧化氢对病变组织有较好的氧化分解作用,对细菌和病毒也有强大的杀灭作用,并可预防继发感染(肖国华等,2008)。

## 三、寄生虫病

感染鲆鲽类鱼的寄生虫病主要包括纤毛虫病、微孢子虫病、阿米巴虫病、粘孢子虫病、血簇虫病等。其中以纤毛虫病为主。

感染鲆鲽类鱼引起纤毛虫病的纤毛虫种类很多。如尾丝虫

(*Uronema*)属盾纤虫、嗜污虫属的盾纤虫、蟹栖异阿脑虫都能引起大菱鲆的纤毛虫病。纤毛虫寄生于患病幼鱼的皮下组织、鳍、鳃、围心腔、眼、消化道,亦可侵入脑、肝及肾等内脏器官中,属全身性感染。虫体寄生引发幼鱼皮肤和鳍出血溃烂。而对于成鱼,虫体除大量见于肌肉溃疡病灶外,主要寄生于成鱼的中枢神经系统。病鱼头部变黑,鳃贫血发灰,游动失衡,其典型病理学特征是中枢神经组织液化性坏死。国内2003年,蟹栖异阿脑虫寄生引起的大菱鲆纤毛虫病频繁发生,给大菱鲆养殖带来了较大的经济损失。王印庚等研究认为,蟹栖异阿脑虫引起的鳃损害使病鱼窒息是病鱼发生死亡的主要原因。

治疗方案:药物防治实验的结果显示,对于牙鲆来说,早期治疗纤毛虫最有效的还是甲醛(李忠红,2009)。而在食品安全等问题受到重视后,利用复合中草药治疗的例子屡见不鲜(张立坤等,2007)。